"十一五"国家重点图书
中国气象局科普项目资助
农村气象防灾减灾科普系列丛书

柑橘优质高产栽培与气象

黄寿波　金志凤　编著

气象出版社
China Meteorological Press

图书在版编目(CIP)数据

柑橘优质高产栽培与气象/黄寿波,金志凤编著.—北京:气象出版社,2010.12

(农村气象防灾减灾科普系列丛书)

"十一五"国家重点图书 中国气象局科普项目资助

ISBN 978-7-5029-5062-0

Ⅰ.①柑… Ⅱ.①黄…②金… Ⅲ.①气象-关系-柑橘类果树-果树园艺-问答 Ⅳ.①S666-44

中国版本图书馆 CIP 数据核字(2010)第 194976 号

柑橘优质高产栽培与气象
Ganju Youzhi Gaochan Zaipei yu Qixiang

出版发行:	气象出版社
地　　址:	北京市海淀区中关村南大街46号
邮政编码:	100081
网　　址:	http://www.cmp.cma.gov.cn
E-mail:	qxcbs@cma.gov.cn
电　　话:	总编室 010－68407112,发行部 010－68409198
策划编辑:	崔晓军　王元庆
责任编辑:	刘燕辉
终　　审:	崔晓军
封面设计:	博雅思企划
责任技校:	吴庭芳
责任校对:	赵　瑷
印 刷 者:	北京奥鑫印刷厂
开　　本:	787 mm×1 092 mm　1/32
印　　张:	4
字　　数:	90 千字
版　　次:	2010 年 12 月第 1 版
印　　次:	2010 年 12 月第 1 次印刷
印　　数:	1～5 000
定　　价:	9.00 元

本书如存在文字不清、漏印以及缺页、倒页、脱页等,请与本社发行部联系调换

《农村气象防灾减灾科普系列丛书》
编委会

主　编：沈晓农

副主编：李　慧　　王春乙　　刘燕辉

编　委（以姓氏笔画为序）：

　　　　王元庆　　王存忠　　刘文泉

　　　　成秀虎　　吴建忠　　张　斌

　　　　陈　烨　　林方曜　　崔晓军

序

我国是世界上气象灾害最严重的国家之一。据统计,每年因各种气象灾害造成的农作物受灾面积达5 000多万公顷,经济损失超过2 000亿元。随着全球气候持续变暖,我国农业生产面临着更大的自然风险。

农业、农村、农民问题关系党和国家事业发展全局。党中央、国务院历来高度重视气象为"三农"服务工作。2008年中央一号文件明确要求,要充分发挥气象为农业生产服务的职能和作用,加强农业防灾减灾体系的建设和农业应对气候变化的能力建设。胡锦涛总书记在2008年6月的"两院"院士大会上强调,要将灾害预防等科技知识纳入国民教育,纳入文化、科技、卫生"三下乡"活动,纳入全社会科普活动,提高全民防灾意识、知识水平和避险自救能力。党的十七届三中全会又进一步强调要加强农村防灾减灾能力建设,并明确提出,要加强灾害性天气监测预警,宣传普及防灾减灾知识,提高灾害处置能力和农民避灾自救能力,开发气象预报预测和灾害预警技术,开发利用风能和太阳能,加强农业公共服务能力建设等。

多年来,气象部门始终坚持把为农业服务作为气象工作的重要任务,努力为农村防灾减灾、粮食增产、农民增收、农业增效等方面提供气象保障服务,并动员全部门力量,积极联合各部门组织开展面向农村和农民的气象科普活动,取得了初步成效。2008年11月,《中国气象局关于贯彻落实〈中共中央关于推进农村改革发展若干重大问题的决定〉的指导意见》明确提出了在农村开展宣传普及气象科技和气象灾害防御知识的任务,要求"建设农村气象科普教育基地,促进农村气象科技和气象灾害防御知识的宣传普及,提高农村气象科普宣传的力度、广度和深度,积极推动农村气象防灾减灾知识和技能的宣传教育下乡、进村、入户,提高农民气象灾害防御意识和避灾自救能力"。中国气象学会和气象出版社组织气象科普专家编写的《农村气象防灾减灾科普系列丛书》,针对我国现代农业、农村、农民的特点,从气象与农村生产、生活的关系及影响出发,面向农民群众普及各类气象灾害常识和防御要点,针对性强、通俗易懂。该丛书将通过"农家书屋"工程等渠道向全国发放。

面对农业生产和农村改革发展的新形势和新要求,气象部门一定要进一步增强农村气象防灾减灾和农业应对气候变化的能力,大力加强农村公共气象服务体系建设,充分发挥气象为农村改革发展服务的作用,大力推动面向农村和农民的气象科普活动,努力增强广大农民群众的气象防灾减灾、应对气候变化的科学意识和素质,为推动农村改革发展作出新的更大的贡献。

中国气象局局长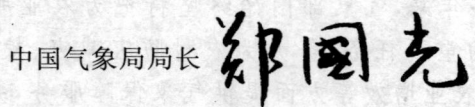

2008 年 11 月于北京

前　　言

柑橘具有色泽鲜艳、香气袭人、肉质细嫩、酸甜适度、营养丰富等优点，素有"色、香、味三绝"之说，深得人们喜爱。其鲜果含有大量的糖类和一定的柠檬酸，而且富有多种维生素。柑橘种类众多，成熟期长，结合不同气候区域栽培和储藏，容易达到全年供应鲜果的目的。此外，柑橘还适于加工制作果汁、浓缩果汁和糖水橘片罐头等，其中柑橘汁已经成为世界四大饮料（茶叶、咖啡、可可和柑橘汁）之一。柑橘的综合利用途径也很多，无论果皮、橘络、叶片、落果、花、木材都具有很高的利用价值，例如橘络、陈皮、枳实是常用的中药。柑橘树终年常绿，花香、果艳、蜜丰，是优良的绿化和蜜源树种。由此可见，柑橘是一种经济价值很高的水果。

柑橘原产我国，至今已经有 4 000 多年的历史，品种资源丰富，栽培历史悠久，群众有丰富的栽培经验，产区分布辽阔，在秦岭、淮河以南的 18 个省（市、自治区）均有分布。2007 年，全国有柑橘栽培面积 194.1 万 hm^2，柑橘产量 2 058 万 t（未含台湾的栽培面积和产量）。但单产低，品种结构不合理，人均消费量少，与发达国家比较，仍有较大差距。因此，因地制宜地科学发展柑橘生产，对发展农村经济、增加出口创汇、加强新农村建设、提高农民生活水平，具有重要意义。

柑橘树性喜温暖湿润气候，是典型的热带、亚热带常绿果树,对气象条件有着严格的要求。在其他条件相同状况下,如果气象条件有利,则柑橘树生长迅速,投产早,产量高,品质好,成本低。反之,轻则影响柑橘树正常生育,推迟投产时间,降低产量品质,增加生产成本;重则可使柑橘树死亡,甚至整个柑橘园毁灭。"南黄北冻"是影响我国柑橘生产的两大问题,即北部产区经常发生冻害,两广和闽台地区则有黄龙病为害,冻害和黄龙病发生都与气象条件有关。此外,高温干旱、寒风、大风、大雪对局部地区的柑橘生产影响也很大。因此,了解气象,用好气象,例如选择气候适宜区栽培柑橘,充分利用有利的小气候资源,及时防御气象灾害和病虫害,建设生态果园等,可以趋利避害,降低生产成本,提高经济效益。编写此书的目的,就是气象工作者为新农村建设服务,为"三农"服务的尝试。希望此书对广大柑橘专业户、农业科技干部和农民朋友有所帮助。

编著者
2010 年 6 月

目 录

一、柑橘树生育与气象

1. 柑橘树对光照强度有什么要求 ……………………（1）
2. 日照长短对柑橘树生育有什么影响 ……………（2）
3. 太阳光谱对柑橘树生育有什么影响 ……………（3）
4. 温度与柑橘树生育有什么关系 …………………（4）
5. 什么是柑橘树三基点温度 ………………………（5）
6. 柑橘树对变温和积温有什么要求 ………………（6）
7. 降水量对柑橘树生育有什么影响 ………………（8）
8. 空气湿度与柑橘树生育有什么关系 ……………（9）
9. 土壤水分对柑橘树生育有什么影响 ……………（10）
10. 柑橘树的需水量和需水规律是怎样的 …………（11）
11. 柑橘树对降水量和空气湿度有什么要求 ………（11）
12. 风对柑橘树生育有什么影响 ……………………（12）
13. 柑橘树对 CO_2 有什么要求 ………………………（14）

二、柑橘果实品质与气象

14. 什么是柑橘品质,柑橘品质的构成要素有哪些
    ………………………………………………………（15）
15. 影响柑橘品质的因子有哪些 ……………………（16）
16. 温度与柑橘品质有何关系 ………………………（16）
17. 水分对柑橘品质有什么影响,怎样调控果园水分
    提高品质 …………………………………………（17）

· 1 ·

18. 光照与柑橘品质有什么关系,怎样调控光照提高品质 ……………………………………………………… (18)
19. 海拔高度对柑橘品质有什么影响 …………… (19)
20. 提高柑橘品质应采取哪些措施 ……………… (20)
21. 为什么适地适栽可以提高柑橘品质 ………… (20)
22. 为什么实现柑橘良种区域化可以提高柑橘品质 ……………………………………………………… (21)
23. 为什么改善柑橘生态环境可以提高柑橘品质 …… (22)

三、柑橘果实产量与气象

24. 什么是柑橘果实产量,影响因子是什么 ……… (23)
25. 柑橘产量与经济效益有什么关系,怎样提高企业的经济效益 …………………………………………… (24)
26. 气象条件对柑橘产量有什么影响 …………… (25)
27. 柑橘树的光能利用状况怎样,什么叫光能利用率 ……………………………………………………… (26)
28. 柑橘的理论产量是多少,为什么要计算理论产量 ……………………………………………………… (27)
29. 限制柑橘树光能利用的因素有哪些 ………… (28)
30. 提高柑橘树光能利用率的途径和方法是什么 …… (28)

四、柑橘适宜栽培区域与气候

31. 我国柑橘栽培主要分布在哪些地区 ………… (29)
32. 我国柑橘产区的主要气候特点怎样 ………… (30)
33. 为什么要划分柑橘栽培适宜性气候区,划分的指标怎样确定 ……………………………………………… (31)

34. 划分我国柑橘适宜性气候区的气象指标是怎样的 ……………………………………………………（33）
35. 从气候条件看我国哪些地区最适宜栽培甜橙 ……（34）
36. 从气候条件看我国哪些地区适宜栽培甜橙 ………（35）
37. 从气候条件看我国哪些地区最适宜栽培宽皮柑橘 ……………………………………………………（37）
38. 从气候条件看我国哪些地区适宜栽培宽皮柑橘 ……………………………………………………（38）
39. 什么叫柑橘避冻区划,怎样选择无冻区栽培柑橘 ……………………………………………………（39）
40. 什么叫柑橘生态区划,怎样选择生态适宜区栽培柑橘 ……………………………………………………（40）
41. 什么是柑橘生产区划,怎样根据生产区划确定柑橘基地县建设 ………………………………………（42）
42. 什么是县(市)级柑橘生态区划,怎样利用县(市)级生态区划确定主产柑橘的乡(镇) ………………（43）
43. 为什么要进行全国、省(市、自治区)、县(市)三级柑橘气候区划,对生产部门有什么作用 …………（45）
44. 为什么要进行冻害、气候、生态和生产四类柑橘区划,对生产部门有什么作用 ……………………（46）

五、柑橘树冻害及其防御方法

45. 什么是柑橘树冻害,影响柑橘树冻害的因子有哪些 ……………………………………………………（47）
46. 怎样进行柑橘冻害调查,各级柑橘树冻害标准是怎样的 …………………………………………………（48）
47. 柑橘树受冻的气象指标是怎样的 ……………（49）

48. 柑橘树受冻害的天气类型是怎样的 …………… (50)
49. 我国历史上和近代柑橘受冻状况怎样 ………… (52)
50. 柑橘树冻害对我国柑橘生产有哪些影响 ……… (52)
51. 为什么选择北面有高大山体的地段种植柑橘冻害较轻 …………………………………………… (53)
52. 柑橘园周围的中、小外围地形对防御柑橘冻害有什么作用 ………………………………………… (54)
53. 为什么选择南向斜坡地种植柑橘冻害较轻 …… (55)
54. 为什么斜坡地中部种植柑橘冻害较轻,而山谷低洼处种植柑橘冻害重 ………………………………… (57)
55. 为什么靠近水域附近种植柑橘冻害较轻 ……… (58)
56. 防御柑橘树冻害有哪些方法 …………………… (59)
57. 怎样选择无冻区或轻冻区栽培柑橘防御冻害 … (60)
58. 怎样选择小气候良好的小区栽培柑橘防御冻害 ……………………………………………………… (60)
59. 为什么营造柑橘园防护林能防御冻害,效果怎样 ……………………………………………………… (62)
60. 哪些柑橘种类或品种耐寒性最强,冻害最轻 …… (63)
61. 防御柑橘树冻害的应急措施有哪些,效果怎样 …… (64)
62. 柑橘树受冻后应采取哪些挽救措施,减少损失的效果怎样 ………………………………………… (65)

六、柑橘树其他气象灾害及其防御方法

63. 什么叫寒风害,寒风对柑橘生产有什么影响 … (66)
64. 防御柑橘树寒风害有什么方法 ………………… (67)
65. 什么是柑橘花期幼果期旱热害,对生产有什么影响 ……………………………………………………… (68)

66. 怎样的气象条件会引起温州蜜柑异常早期落果 ………………………………………………………………(69)
67. 我国柑橘树花期幼果期的气候特点是怎样的,对异常落果有什么影响 ………(70)
68. 为什么我国1981,1985和1988年柑橘异常落果非常严重,对柑橘生产有何影响 ……………(71)
69. 怎样进行高温害气候区划,怎样选择无或轻度高温危害区栽培柑橘 ……………(72)
70. 高温干旱对柑橘果实膨大有什么影响,怎样防御 ………………………………………………………………(73)
71. 大雪对柑橘有什么危害,怎样防御 …………(74)
72. 大风对柑橘有什么危害,怎样防御 …………(75)

七、柑橘园小气候及其利用

73. 什么是柑橘园小气候,是怎样形成的 ………(76)
74. 柑橘园小气候的一般特征是怎样的,对柑橘生产有什么影响 ………………(77)
75. 不同密度的柑橘园小气候特点是怎样的,为什么要合理密植 ………………(78)
76. 温州蜜柑树冠小气候特点是怎样的 …………(79)
77. 树冠不同方位和部位对柑橘产量和品质有什么影响 ………………(81)
78. 椪柑树树冠小气候特点是怎样的 ……………(82)
79. 树冠不同方位和部位对椪柑产量和品质有什么影响,怎样提高单株果品产量和品质 ………(83)
80. 柑橘防护林的小气候特点是怎样的,对防御气象灾害有什么作用 ………………(84)

81. 营造柑橘园防护林对促进柑橘树生长和提高产量
有什么好处 …………………………………………（85）
82. 柑橘树风障围株的小气候特点是怎样的,对防御
冻害和寒风害有什么作用 ………………………（86）
83. 柑橘树根际培土的小气候特点是怎样的,对防御
柑橘树冻害有何作用 ……………………………（87）
84. 柑橘园地膜覆盖对土温和柑橘树生育有什么影响
……………………………………………………（88）
85. 喷灌对柑橘园小气候有什么影响,对防御干旱有
什么作用 …………………………………………（89）
86. 柑橘树不同整形方式的树冠小气候特点是怎样的,
对物候期和产量、品质有何影响 ………………（90）

八、生态果园建设及其效益

87. 什么叫生态果园,其特征是怎样的 ……………（92）
88. 当前我国的生产柑橘园存在怎样的生态问题 …（92）
89. 建立生态柑橘园的理论依据是什么 ……………（93）
90. 建立生态柑橘园的原则和方法是什么 …………（94）
91. 生态柑橘园有什么生态效益 ……………………（95）
92. 生态柑橘园有什么经济效益和社会效益 ………（96）
93. 在模拟建立橘农人工复合生态系统时如何合理
配置生态位 ………………………………………（97）
94. 在模拟建立橘农人工复合生态系统时如何选择
物种(作物) ………………………………………（98）
95. 怎样调控橘农人工复合生态系统 ………………（98）

九、柑橘病虫害与气象

96. 我国主要柑橘病害有哪些,为害植株哪些部位 …………………………………………………………（99）
97. 柑橘溃疡病发生发展与气象条件有什么关系,怎样防治 …………………………………………（100）
98. 柑橘树脂病发生发展与气象条件有什么关系,怎样防治 …………………………………………（101）
99. 柑橘疮痂病发生发展与气象条件有什么关系,怎样防治 …………………………………………（102）
100. 柑橘黄龙病发生发展与气象条件有什么关系,怎样防治 …………………………………………（103）
101. 我国主要柑橘害虫有哪些,为害植株哪些部位 …………………………………………………………（104）
102. 气象条件对柑橘害虫的生活和活动有什么影响 …………………………………………………………（105）
103. 柑橘锈螨发生发展与气象条件有什么关系,怎样防治 …………………………………………（106）
104. 柑橘吸果夜蛾发生发展与气象条件有什么关系,怎样防治 …………………………………………（107）
105. 柑橘木虱发生发展与气象条件有什么关系,怎样防治 …………………………………………（108）
106. 天气条件与利用化学药剂防治病虫害的效果有什么关系 …………………………………………（109）
107. 降水和风对施药效果有什么影响 ……………（109）
108. 温度和光照对施药效果有什么影响 …………（111）

一、柑橘树生育与气象

1. 柑橘树对光照强度有什么要求

柑橘树生育与光照强度密切相关,因为柑橘树的光合作用强度在很大程度上受光照强度的影响。光照强度是指地球表面接受到的太阳光照强度(照度),一般来说,在其他条件满足情况下,柑橘的光合强度随着光照强度的增高而加快,但当光照强度上升到一定程度以后,光合作用就不再增加了,这时的光照强度称为光饱和点。光饱和点因柑橘种类、品种、生育期以及某些气象条件的改变而不同。柑橘是比较耐阴的植物,光饱和点较低。

当光照强度减弱到一定程度时,作物的光合强度与呼吸强度相等,光合作用制造的干物质被呼吸作用全部消耗,这时的光照强度称为光补偿点。光补偿点因柑橘种类、叶片位置、树龄及大气成分与温度而不同。

由于光照强度与光合强度关系密切,所以光照强度与柑橘的营养生长、生殖生长之间也有密切关系。为了查明光照强度对柑橘枝梢的影响,日本学者将柑橘苗木栽植于盆内,用苇帘遮光一年,然后测定其枝梢伸长量和干物重。结果表明,苇帘遮光使光照强度减弱,枝梢伸长量及干物重都显著下降。

光照条件不同的柑橘园,其着叶密度不同,光照良好的柑橘园,其着叶密度明显大于光照不良的柑橘园。同一树冠,由于不同部位的光照强度不同,其着叶差别也很大,一般树冠南部比其他方位及中央部位着叶多。光照强度与花芽形成也有密切关系。如果将柑橘果树进行遮光,由于光照降低,同化量就会减少,枝叶徒长而花芽着生不良。如果将温州蜜柑全树用防寒用的草帘覆盖,结果覆盖的温州蜜柑花芽显著减少,花蕾数仅为未覆盖草帘果树的二分之一左右。

2. 日照长短对柑橘树生育有什么影响

光照长短是指一个地方日出至日没之间可能的日照时数,简称日长或光长,以小时(h)为单位。日长是随季节和纬度而变化的。在北半球,一年中以夏季光照时间较长,"夏至日"(一般为每年的 6 月 21 日左右)是光照时间最长的一天;冬季光照时间较短,"冬至日"(一般为每年的 12 月 23 日左右)是白昼时间最短的一天。夏半年白昼时间随纬度增高而增加,冬半年随纬度的增高而缩短。

白天与黑夜的交替,影响作物开花、结实、落叶和休眠,作物对光照长短的这些反应统称为光周期现象。一般要求经过一段较长的黑夜和较短的白天才能开花结实的作物,叫短日照作物。短日照作物大多是喜热作物,原产低纬度热带地区。另一类作物,必须经过一段较长的白天和较短的黑夜才能开花结实,叫长光照作物。长光照作物大多是耐寒作物,原产高纬度寒温带地区。此外,对日照时间反应不敏感的作物,称为中性作物。

光周期现象的发现至今已有近百年了,但光周期对多年生的柑橘的开花是否有影响,到现在还了解得不够清楚。试验证明,华盛顿脐橙是短日照作物,因这个品种的花只有在白天和夜间温度分别为 24 和 19 ℃左右,日照为 8~12 小时左右时才能形成;当日照增加到 16 小时时,没有发现花的形成。

研究认为,光照对柑橘类生长和休眠的影响,远远大于对花的影响。在短日照条件下,柑橘的延长生长就会受到抑制。例如,柑橘类果树枝条的生长速度时快时慢,即在两次快速生长期的中间有一段停顿期,这段时期可因长日照条件而缩短,有时可以缩短到几乎是连续生长的程度。柑橘类的常用砧木——枳,对日照的反应非常明显。有人用 8,12 和 16 小时三种不同光照条件处理枳树,其结果是在 8 小时光照下生长的枳树茎干最短;16 小时光照下茎干最长,主要表现在节数多,节间长,枝条数目多,直径也比较粗。在短日照下生长速度较慢。

了解柑橘果树的光周期现象,在生产上具有一定的意义。例如原产于低纬度的柑橘种类引种到较高纬度时,由于日照时数增加,常常不能休眠,因而容易受到霜冻危害,这在柑橘栽培上就必须加以注意。

3. 太阳光谱对柑橘树生育有什么影响

太阳辐射主要包括紫外线、可见光和红外线三部分。波长短于 390 nm 的叫紫外线,长于 760 nm 的叫红外线,介于两者之间的叫可见光。可见光按波长顺序,可分为红、橙、黄、绿、青、蓝、紫七种单色光。太阳辐射通过大气层时,紫外线中波长短于 290 nm 的几乎全部被臭氧层吸收,因此,实际到达地面上的紫外线是不多的,而可见光和红外线可以大量到达地面。

可见光是果树进行光合作用的主要能源,其波长大致包括 400~700 nm 波段的辐射能。对植物光合作用有效的光谱成分,称为光合有效辐射,也叫生理辐射。一天中,由于太阳高度角不同,太阳光中各种波长的光谱组成比例也不同。在早晨和傍晚,太阳高度角小,光强虽比正午小,但含红橙光的比例大,这对柑橘生育是有利的。另外,由于不同光谱成分在植物群体中的透过能力不同,所以群体上部的叶片和下部的叶片所得到的光谱成分也是有区别的。

紫外线中波长较短的部分能抑制作物生长,还能杀死病菌孢子;波长较长的部分,对作物有刺激作用,可促进种子发芽和果实成熟,并能提高蛋白质和维生素的含量。

红外线对作物的萌芽和生长有刺激作用,但不能直接被作物叶绿体所吸收。因此,红外线只能为土壤、水分和空气增热,提供柑橘生育的热量条件。

关于光谱成分对柑橘生育的影响,人们还研究得不多。有人为了研究不同波长光谱对柑橘日烧病的影响,将盆栽 4 年生宫川温州蜜柑置于室内进行不同波长处理。其结果表明:在白色光和红外线照射区,果实表面温度升高到 48 ℃以上,出现了和自然光照下日烧病相类似的症状;在紫外线照射区,没有看到果面温度的变化和果实的生理障碍。

4. 温度与柑橘树生育有什么关系

温度与柑橘枝梢生长有关,在适宜的温度下,枝梢生长旺盛,一年四季抽梢次数多。在温度较低的区域,柑橘树虽然也能生长结果,但发枝次数少,枝梢短,果实不能充分生长发育。

在冬季比较寒冷的地区,柑橘树地表附近的大部分根系是停止生长的。一般认为,在根系所在深度的土温低于 12 ℃时根不能生长,高于 12 ℃随温度升高,生长良好。根生长的最适宜温度是 26 ℃左右,根毛为 30 ℃,超过这个温度,生长就受到抑制,超过37 ℃,根的生长完全受到抑制。

温度对柑橘花器发育及结实率影响很大。将普通温州蜜柑分别放入恒温为 15,20 和 30 ℃的人工气候室内,结果发现,30 ℃处理后经过 4 天就出现花蕾,第 11 天盛开,但花发育极差,全部不结实;15 ℃处理后第 25 天出现花蕾,第 73 天盛开,花器发育完全,花后一个月的结实率达 100%;20 ℃与 15 ℃两种处理比较,前一种处理花蕾的出现和开花相对较早,但花器发育仍然较差,花后一个月的结实率仅为 20%~30%。

温度与果实膨大也有密切关系。当其他条件满足时,在适温范围内,果实膨大快,单果重;反之,果实膨大慢,单果轻。有人用人工气候室做试验,在气温 20~25 ℃范围内,果实膨大迅速,到采摘时平均单果较重。因此,20~25 ℃(平均为 22.5 ℃)是柑橘果实膨大的适宜温度。

5. 什么是柑橘树三基点温度

对于植物的每一个生命过程来说,有三个基点温度,即最适温度、最低温度和最高温度。在最适温度下植物生长发育良好、迅速,在最低温度和最高温度下植物停止生长发育,但仍维持生命。如果温度继续降低或升高,就要发生不同程度的危害甚至死亡。

柑橘不同种类或品种、树龄、生育期和不同的生物学过程,其三基点温度指标是不同的。在恒温条件下,酸橙种子的最低萌芽温度为 12.8 ℃,比甜橙略低。多数柑橘种类根系停止生长的土温(根系深度)为 12.0 ℃;当气温稳定在 12.8 ℃以上,柑橘芽开始萌动,低于该温度,果枝停止生长。所以通常认为,柑橘的生物学最低温度为12.8 ℃。以气温26 ℃为中心,气温在23～29 ℃之间,最适宜于柑橘生长,低于12.8 ℃或高于37 ℃,就会显著地抑制生长。也有人认为,最适宜柑橘生长的温度为23～34 ℃,最高温度为37～39 ℃。

温度高或低到某一程度,就会引起植物受害甚至死亡,这就是致死最高温度和致死最低温度。植物因低温受害或致死,又常分为冷害和冻害两种情况。在冻结温度0 ℃以上的低温危害称为冷害,而冻结温度以下的低温危害称为冻害,低温对柑橘的危害主要是冻害。

据笔者研究,不同柑橘遭受中度冻害的温度指标是:金柑类为-10 ℃,耐寒性强的宽皮柑橘类为-9 ℃,耐寒性弱的宽皮柑橘类为-8 ℃,普通甜橙类为-7 ℃。

柑橘具有相当强的耐热能力,柑橘和葡萄柚能忍受51.7 ℃的骤热。我国柑橘产区的最高气温一般不超过45 ℃,故不会造成柑橘受热害致死,但不适当的高温会造成果皮着色不良、果汁少等弊病。如果高温伴随干旱,则温度虽不太高,花、果、枝梢也会受到损伤。

6. 柑橘树对变温和积温有什么要求

温度的日变化,对柑橘有机物质的积累具有重要意义。白天,柑橘的光合作用和呼吸作用同时进行着,夜间只进行呼吸作用。因此,当昼夜温度不超过植物所能忍受的最高和最低温度时,日较差大,即白天温度较高,有利于柑橘增强光合作用积累有机物质,夜间温度较低,有利于减弱夜晚的呼吸作用,从而减少有机物质的消耗,对产量和质量都有好处。昼夜温度对温州蜜柑果实膨大的影响,通过试验认为,当白天温度为 23 ℃、夜间温度为 18～23 ℃（昼夜平均 21～23 ℃），以及白天温度为 28 ℃、夜间温度为 13 ℃（昼夜平均 20 ℃）的两个处理最好。酸橙在昼温为 30 ℃、夜温为 23 ℃时生长最好。

此外，柑橘对一年四季的温度变化，也具有良好的适应能力。例如温州蜜柑等品种，在春、夏季节温暖时生长发育，冬季寒冷时就停止生长，进入被迫休眠期。冬季一定程度的寒冷对休眠的柑橘树不会造成危害，而且对于某些品种来说，还是正常生长发育的必要条件。

在其他条件基本满足的情况下，柑橘在高于某一下限温度的情况才开始生长发育，而且只有当温度累积到一定总和时，才能完成其发育，这个温度总和称为积温，通常用 ℃·d 表示，所以积温包括温度强度和时间两个方面。

在农业气象工作中，常用的积温有活动积温与有效积温两种。活动积温是作物在某一时期活动温度（高于生物学最低温度之日平均温度）之和，有效积温是作物在某一时期有效温度（日平均温度与生物学最低温度之差）之和。柑橘对积温有一定的要求，在亚热带柑橘产区的年有效积温在 1 600～3 900 ℃·d 之间，在热带柑橘产区为 1 000～5 700 ℃·d 之间，热带海拔 1 900 m 的高山柑橘区年有效积温仅 1 000 ℃·d。柑橘生产率随着有效积温的上升而增加，直到 6 000 ℃·d 为止。而世界上没有一个柑橘产区高于 12.8 ℃ 的有效积温超过 5 700 ℃·d，因此在自然条件下，不存在柑橘栽培所需有效积温的上限问题。积温多少与柑橘果实品质也有密切关系。一般来说，全年活动积温（≥10 ℃）丰富的南亚热带产区，柑橘品质优良，含糖量和糖酸比率高；积温较少的北亚热带产区，品质逐渐下降，在边缘热带（北热带）的海南岛，品质也欠佳。

7. 降水量对柑橘树生育有什么影响

降水量是指以雨、雪、雹等形式从云中降落到地面的液态或固态水,以水层的厚度(mm)来表示。在多数地方,降水是柑橘水分与土壤水分的主要来源,是水分平衡的主要收入项。降水对柑橘的影响主要是从适量和适时两方面来衡量。

柑橘周年常绿,枝梢年生长量大,挂果期长,对水分要求高,但是各物候期需水要求是不同的。因此,如果全年降水量季节分配与柑橘需水相适应,则柑橘生育旺盛,果实产量高,品质好。如果降水过于集中,则在雨水太多的季节,柑橘园积水,地下水位太高,容易引起"湿害";降雨太少的季节,则易造成"干旱"。一年中各个时期水分对柑橘生育和产量品质的影响是不同的,其中果实膨大期的5—8月份,特别是盛夏7—8月份,如果水分供应不足,果实的发育就会受到抑制,收获时小果多,产量低,不仅果实着色差,而且果皮比例大,果汁中酸多糖少,品质极差。

把单位时间内的降水量,称之为降水强度,一般用毫米/小时(mm/h)或毫米/天(mm/d)表示。降水强度太大,由于土壤来不及吸收,成为无效降水。在我国主要柑橘产区,日降水量在50 mm以上(暴雨),就有可能引起山洪暴发,引起水土流失,甚至冲坏柑橘园。一般坡度愈大,水土流失愈严重,上下畦又比等高畦重。柑橘开花期遇到暴雨,不利于开花授粉,使产量降低。

8. 空气湿度与柑橘树生育有什么关系

空气中含水分的多少通常称为空气湿度。农业部门表示空气湿度的方法主要是绝对湿度、水汽压和相对湿度。绝对湿度是 1 m³ 空气中含有的水汽克数（g/m³）。水汽压是单位体积空气中含有的水汽量所具有的压力（Pa）。相对湿度是空气中实有的水汽压与同温度下饱和水汽压（空气中的水分含量达到最大值时的水汽压）之百分比（％）。空气中含有的水汽量越多，空气湿度就越大。空气中的水汽主要来自江、河、湖、海和其他水体的蒸发以及植物蒸腾、土壤蒸发等，因此，越靠近地面层及江、河、湖、海，水汽含量越多。

空气湿度与柑橘生产有着密切的关系。柑橘要求一定的空气相对湿度，湿度过大或过小，对柑橘均不利。当相对湿度小于 60％时，土壤的蒸发和柑橘的蒸腾作用就显著增加，在这种情况下，如果较长时间未下透雨又无灌溉，就会发生干旱（包括大气干旱和土壤干旱），影响柑橘产量和品质。在柑橘开花期，若日平均相对湿度小于 60％，会影响开花授粉，降低结实率，落花、落果严重。在果实膨大期，若相对湿度太小，影响果实膨大，降低产量。在成熟期和采收期，若空气干燥不仅有利于提高含糖量和糖酸比，而且有利于鲜果储藏。

当空气相对湿度接近或超过 90％时，一般柑橘的枝梢生长嫩弱。开花期相对湿度太大，对开花授粉有不利影响。在成熟期和采收期，如果出现连续阴雨，湿度过大，不但影响果实品质，而且采下来的果实容易腐烂，不适合于长期储藏和远距离运输。病虫害的发生发展与空气湿度也有密切关系，湿度过大时，有些病虫害往往容易暴发。

9. 土壤水分对柑橘树生育有什么影响

土壤水分是土壤内各种形态水分的总称。土壤湿度是土壤中所含水分的数量,一般指用烘干法在105～110 ℃温度下从土壤中释放出来的水量。土壤含水量越多,其湿度越大,反之则越小。土壤湿度大小,通常以土壤含水量占土体重量(或体积)的百分率来表示。

果园中土壤水分的含量及变化,对柑橘的生长发育有着直接的影响。当土壤干燥,水分含量降低时,根系附近特别是根圈附近的土壤迅速变干,水分供应中断,根的生长就停止。但是在有机质含量丰富的土壤和细粒中,因土壤干燥时毛细管不易被切断,根所消耗的水分由周围的土壤慢慢地供给,因而不容易受到旱害。

在夏季,若土壤水分不足,柑橘枝条和根系停止生长,果实也停止增大,叶片的光合作用及根对肥料的吸收能力也显著地降低。不同柑橘种类和品种的砧木、接穗,新梢停止生长时的土壤湿度是不同的。夏季土壤水分不足,而后期降雨多,则往往使果实的生长期和成熟期延迟,浮皮果增多,脐橙等果皮较薄的果实还容易发生裂果。果实的成熟和收获期的延迟,使树体衰弱,导致隔年结果减少。冬季土壤水分不足,同样使树体抗寒力降低,增加落叶和落果,严重时加重寒害发生。

土壤含水量太大,则造成柑橘湿害。土壤中水分过多,氧气不足,根系受到还原性有毒气体和离子的危害,就停止生长,严重时造成整株柑橘枯死腐朽。梅雨期雨日多,降水总量大,低洼的柑橘园过湿,柑橘树根系易枯死。

10. 柑橘树的需水量和需水规律是怎样的

柑橘的需水量又称耗水量,是柑橘对水分要求的指标,即在一年中或某一个生育时期,在一定面积上柑橘的蒸腾量和地面蒸发量之和。不同柑橘种类和品种的需水量是不同的。从需水量的多少可以看出该种类的喜水、耐旱特性。温州蜜柑是在夏湿气候下栽培的品种,据计算,每株温州蜜柑成年树全年要耗水 4 618 kg。

柑橘的蒸腾作用与许多因子有关,但就某地区或某个柑橘园来说,在水分适宜的条件下,蒸腾量大小主要决定于柑橘的品种、密度、树龄、生长状况及气象条件。同一品种在不同天气条件下的蒸腾量不同,晴天大于阴天,雨天最小。一年中以夏梢生长期的 7—8 月和果实发育期的 9—10 月蒸腾量最大,越冬期及花芽分化期的 1—3 月蒸腾量较小。降水除一部分用于柑橘蒸腾作用外,大部分用于土壤蒸发、地表径流和渗透作用。我国温州蜜柑主要产区 8—10 月的水分供应严重不足,如果不进行灌溉就有受旱的可能。

11. 柑橘树对降水量和空气湿度有什么要求

柑橘对降水量有一定要求,一般认为年降水量 1 200~1 500 mm,才能满足柑橘栽培需要。但世界上不少柑橘产区,降水量要少得多,而栽培却很成功,因此降水量作为栽培柑橘的限制因子来说,远比温度与风要弱。但是,每月的降水量必须与柑橘各物候期需水量一致,否则有的月份雨水太多,有的月份则雨水不足。一般认为,柑橘生长期内估计每月需水120～150 mm,如果降水量小于100 mm,则会对柑橘的生育产生不利的影响。

各地降水的季节分配很不一致。我国、日本和美国的佛罗里达州等地,降水集中于夏季,属夏湿区,降水季节与柑橘生长季节一致。雨热同季对柑橘生育有利,而且可以减少灌溉成本。美国的加利福尼亚州和地中海沿岸诸国,降水集中在冬季,其他季节降水量较少,属夏干区,夏季必须进行灌溉,但冬季雨水多,冻害相对较轻。夏干区和夏湿区是两种性质不同的气候类型,必须选择与气候相适应的柑橘种类及品种。夏干区的主要品种有血橙、伏令夏橙、脐血橙、脐橙等,夏湿区的主栽品种有锦橙、新会橙、哈姆林甜橙、温州蜜柑、蕉柑、椪柑等。

柑橘生长对空气湿度也有一定要求。一般认为空气相对湿度75%～82%对柑橘树生长有利,低于60%或高于85%,就会影响柑橘树正常生育。

 ## 12. 风对柑橘树生育有什么影响

空气在水平方向上的流动称为风,风用风向和风速来表示。风向是指空气吹来的方向,用十六方位表示。风速是指单位时间内空气的水平位移,单位为米/秒(m/s)。在一天中,一般白天午后的风速较大,晚上的风速较小。一年中,在大陆与海洋之间,风向随季节而呈周期性改变,称之为季风。我国是季风性很显著的国家,夏季吹东南风,冬季吹西北风。此外,在沿海和湖泊周围,一天中风向随昼夜而变化。白天,风由海洋(湖泊)吹向大陆,称为海风或湖风;夜间,风由大陆吹向海洋,称为陆风。同样,在山区也发生风向随昼夜交替变化的风。白天,风由山谷吹向山顶,称为谷风;夜间,风由山顶吹向山谷,称为山风。

风对柑橘的影响因风的大小而不同。微风对柑橘生育是有利的,因为微风可以防止冬春季霜冻的危害,改善柑橘园内和树冠内的通风状况,降低湿度,减少病虫害。在采收期有微风,可减少果品的腐烂,使储藏工作容易进行。

风除对柑橘有利的一面外,还有不利的一面。对柑橘栽培危害较大的风速是 10 m/s(相当于 6 级风)以上的大风。危害严重时,可使柑橘落叶、折枝、拔根,甚至造成全株倒伏枯死。危害较轻时,也会使果实和枝叶互相摩擦而受伤,降低品质,而且往往成为某些病害(如溃疡病)发生的诱因。在沿海地区受台风侵袭时,容易形成水灾或湿害,个别地区台风夹着带盐分的海水倒灌柑橘园,往往使枝叶干枯、根群腐死,造成整株果树死亡。在干旱季节出现较大的风(干旱风),可使土壤水分蒸发急剧增加,旱情迅速发展。冬季强烈的寒风,也会给柑橘带来损害。特别是对营养状况不良和遭受病虫害的柑橘树,强烈的西北风,或沿海柑橘园的东北风,可以引起严重落叶,致使春季发芽不良,枝条不能充分生长,枝上多着生直花(无叶花),叶片较少,这是结果少的重要原因之一。

微风可使柑橘群体内部的空气不断地得到更新,改善植株周围空气的二氧化碳(CO_2)浓度,使光合作用保持在较高水平上。在强烈的日光照射下,风可以帮助柑橘叶片加快蒸腾作用,降低叶温,避免日灼(日烧)现象的发生。但在强风时,柑橘叶的光合作用显著减弱,其减弱程度,因叶片情况而有所不同,薄而柔软的未成熟叶片受到的影响比厚而硬的充分成熟的叶片要大。

大风造成果实和枝叶机械损伤后,为了愈合创伤,要消耗碳水化合物和其他养分,使树体营养不良。柑橘落叶后,碳水化合物不足,树势衰弱,会影响隔年结果;严重时,枝条和根都会枯死,甚至会全株死亡。风加强叶片和枝干的表面蒸腾作用和热传导作用,会使树体温度下降,这种情况在夏季是有利的,但在冬季会加重冻害。

13. 柑橘树对 CO_2 有什么要求

CO_2 是植物用来进行光合作用制造有机物质的原料,在适宜的气候条件下,生长旺盛的作物群体,每天所吸收的 CO_2 为 $130\sim150\ kg/hm^2$。为了补充这样大量的 CO_2 消耗,白天土壤放出的 CO_2 和果园上方大气层中的 CO_2 都流向果树群体,夜间呼吸作用排出的 CO_2 则补充到大气层中去。

在晴朗无风的日子里,大气中 CO_2 浓度有明显的日变化。白天果树群体附近的 CO_2 浓度降低,夜间增高。近地面空气层 CO_2 浓度通常为 300 ppm[①],夜间群体附近可达 400 ppm 左右,日出后降低,中午前后可降到 250 ppm 以下。果园中 CO_2 浓度的垂直分布是,白天由树冠表面向上增加,CO_2 自上层空气流向柑橘群体;夜间相反,由树冠向上减小,CO_2 自柑橘群体流向上层空气层。这是柑橘白天进行光合作用和夜间进行呼吸作用的结果。

大气中 $300\sim320$ ppm 的 CO_2 远远不能满足果树光合作用的需要。据研究,果树的最适 CO_2 浓度,比自然界的正常

---

① ppm(百万分之一)表示在大气样品中,每 100 万个空气分子中所含有的某种气体分子数,下同。

水平高3~5倍。果树光合作用的CO_2反应曲线表明,当CO_2浓度超过正常大气中的水平后,光合速率仍随着CO_2浓度的增加而上升。

不同CO_2浓度下的光反应曲线说明,柑橘在光强低的时候,CO_2不是限制因子,但是在高光强下,CO_2浓度对光合作用的进行就有明显的限制作用。因此,在自然状况下增加CO_2浓度,可以明显地提高农作物产量。据研究,在正常的CO_2浓度下,柑橘类的光合强度为$10 \sim 20 \ mg \cdot m^{-2} \cdot h^{-1}$,增加$CO_2$浓度,其光合强度可增加到$40 \ mg \cdot m^{-2} \cdot h^{-1}$。因此,在大面积的柑橘园内,采用空气中$CO_2$施肥的方法来提高柑橘的光合速率,其效果是肯定的。但是,在目前的技术条件下,要保持柑橘园内有较高的CO_2浓度尚有困难。不过在人工控制的温室和塑料大棚内,采用CO_2施肥法,那是切实可行的。另外,改善柑橘园的通风透光条件,使大气中的CO_2与树冠内的CO_2自由交换,也可间接提高柑橘树群体内的CO_2浓度,从而提高CO_2的利用率。

二、柑橘果实品质与气象

14. 什么是柑橘品质,柑橘品质的构成要素有哪些

柑橘果实品质由外形和内质两部分组成,外形包括果实形状(纵横径比)、大小和果皮的色泽、粗细等,内质包括果味、香气、营养成分、维生素含量、糖酸度等。在这些要素中,果色、风味、香气、肉质、糖酸度等是基本要素,而糖酸度含量及

其比例是决定性因素。

但是,不同国家、不同地区的消费者,由于风俗习惯、口味的不同,对柑橘的品质要求也略有不同,例如亚洲人一般喜欢以甜为主、甜酸适口的柑橘,而欧美人则喜欢酸度偏高、酸甜适中的果品。不过人们总爱吃色泽鲜艳、果皮光滑而薄、无病虫伤疤、有一定的甜酸比、风味鲜美的水果。

15. 影响柑橘品质的因子有哪些

作为商品的柑橘鲜果,影响其品质的因子主要有:①遗传种质,即接穗或砧木的种类、品种及品系,这是影响果实品质的基础,良种除了具有高产、稳产、抗病等特性外,还必须具有良好的品质。②生态条件,包括地形、气候、土壤、植被等,其中气候是最活跃和最积极的主导因子。良种只有在适宜的生态环境中,才能发挥其固有的优良特性。③栽培技术,例如多施有机肥可提高果汁含糖量和固形物含量;适当施用磷肥,可以减少果汁中的含酸量;合理灌溉和控水,可使糖度和酸度提高,风味浓厚;适时采收,可使果色鲜艳、果汁含量增加,出现香气等。④储藏运输因素,柑橘作为一种商品,从树上采收下来到消费者手里,必须经过消毒包装、储藏、运输等环节,其中任何一个环节不注意,都可使柑橘品质降低。以上4个因子,综合影响柑橘品质。

16. 温度与柑橘品质有何关系

柑橘果实品质与温度有密切关系。据试验,早熟温州蜜柑在成熟期中,果汁的含糖量以20℃处理区最高,高于20℃

或低于 20 ℃ 表现就差,特别是 30 ℃ 处理区,不仅含糖量显著减少,而且全糖中还原糖的比例高,果皮中叶绿素含量多,着色差。据我国柑橘区划研究协作组测定,各类柑橘果实的品质与温度有着密切关系,在年活动积温(≥10 ℃)少于 8 000 ℃·d,年平均气温低于 20 ℃ 的地区,随着气温升高,甜橙(新会橙为代表)的含糖量和糖酸比升高,含酸量和维生素 C 降低,风味甜浓,品质提高;反之,风味淡,品质差。可见,甜橙要求热量丰富,但也不宜过高。宽皮柑橘类(以温州蜜柑为代表)对温度要求比甜橙低,一般在年平均气温 16～19 ℃,年活动积温(≥10 ℃)5 200～6 500 ℃·d 的地区,果实品质好,高于或低于上述温度,则品质降低。

温度与果实着色的关系比较复杂。柑橘的橙色主要由类胡萝卜素决定,而果皮的绿色,是由于果皮中存在着叶绿素的关系。当温度降低时,果皮中的叶绿素逐渐分解,果实颜色即由黄绿变成橙黄。据试验,叶绿素含量以 15 ℃ 时最低,而总类胡萝卜素含量则以 20 ℃ 最多。

表示柑橘品质的方法还有果皮、果肉和果汁的比率,温度对三者的比率有明显的影响。据分析,一般是年平均气温越高,可食部分的果汁和果肉的比率越大,果皮比率越小;反之,果汁、果肉的比率小,果皮比率大。福州产的福橘果皮占果重的 15.04%,而温州产的福橘果皮占果重的 17.92%,因为温州的年平均气温为 18.0 ℃,而福州为 19.8 ℃。

17. 水分对柑橘品质有什么影响,怎样调控果园水分提高品质

水分与柑橘品质的关系虽然没有温度那样明显,但水分

不足或过多也可影响柑橘品质。据调查,我国柑橘主要产区,在温州蜜柑果实生长期的 5—8 月,特别是盛夏的 7、8 月份,如果柑橘园内土壤水分供应不足,不但使果实发育受到抑制,果形小,产量低,而且也使果实着色差,果皮比率大,果汁中酸多糖少,品质很差。但在果实成熟期的 9、10 月份则相反,如果这时期果园保持相当干燥,虽然果形比较小一些,但糖酸含量高,风味浓,品质好。不过,如果果园连续干燥 30 天以上,不仅果形变小,而且易裂果,又使品质降低。因此合理灌溉和排水,调控果园水分,可提高品质。

18. 光照与柑橘品质有什么关系,怎样调控光照提高品质

光照是绿色植物进行光合作用的能量来源,因此,光照长短和强度,不但影响树体生长和果实产量,而且与果实外观特征与内质也有密切关系。调查表明,在柑橘果实膨大后期及成熟期,光照充足、雨日少的年份比阴雨天多、雾多、光照不足的年份,果实着色好,糖酸含量高,风味浓,而且采收后耐储性好,不易腐烂。在我国北回归线以北地区,果实含糖量一般以南向果园最高。作者在浙江省海宁县(北纬 30°左右)对孤立的温州蜜柑(尾张品系)树进行观测发现,树冠的东、南、西、北 4 个方位及树冠的外围和内膛,由于光照强度和时间不同,其果实品质均不一样,因该地位于北回归线以北地区,太阳终年是从南面射来的,树冠的南侧比北侧光照好,因此南侧外围的果实着色好,糖酸含量高,风味浓,而北侧及内膛反之。因此,通过合理密植,修剪树冠形状,调控光照状况,可提高品质。生产实践还表明,光照还影响柑橘果实的糖分、维生素等含

量。一般是光照充足的柑橘园,其树体生长健壮,果实着色良好,糖分和维生素 C 的含量高,果实品质好,耐储性好。反之,栽培过密,树冠严重交错的柑橘园,一般果实着色不良,含糖量低,病虫害也较多。我国光照充足的华南柑橘区的果实,一般比采收季节阴雨连绵的四川柑橘区的果实含糖量高,甜度大。

19. 海拔高度对柑橘品质有什么影响

海拔高度对气候的影响,特别是对温度的影响十分显著,一般海拔高度每升高 100 m 所降低的温度,与纬度向北推移 1°相近似,即约降低 0.6 ℃。因此,同一座山由于海拔高度不同,对柑橘果树栽培的气候适宜性不同。例如位于红河、南盘江流域的柑橘类(当地的甜橙品种和锦橙),在海拔 200～1 100 m 地带属最适宜区,1 100～1 500 m 属适宜区,1 500～1 800 m 属次适宜区,高于 1 800 m 属可能种植区。选择适宜高度种植,可以提高柑橘品质。

在亚热带山区,柑橘果实对海拔高度反应非常敏感,相对高度即使仅相差数百米,其柑橘树生长状况和产量、品质变化也十分显著,一般是随着海拔高度升高,柑橘树势减弱,产量降低,品质变差。据测定,例如福建的椪柑果实在海拔 420～450 m 地带可溶性固形物(%)、总糖(%)、还原糖(%)、总酸(%)、维生素 C(mg/100 g)分别是 13.0～13.5,9.98,3.99,0.61,26.20;而在海拔 600～750 m 处生长的椪柑果实,则分别是 11.5～12.0,9.11,3.47,0.92,36.50。由此可见,随着海拔高度升高,可溶性固形物、总糖、还原糖含量降低,而总酸和维生素 C 含量略有升高。也就是说,在福建柑橘产区,低海拔产的椪柑较甜,而高海拔产的椪柑较酸。

20. 提高柑橘品质应采取哪些措施

柑橘园是一个生态系统,这个生态系统是柑橘树与其环境之间进行物质循环、能量流动和信息传递的一个统一体。在这个统一体中,柑橘树与各种生物之间、生物与环境之间、各个环境因子之间彼此相互作用、相互依赖、相互制约,从而使生态系统形成一个有秩序的、能产生一定功能的整体。

根据"生物体与环境统一"的规律,提高柑橘产量和品质的基本途径有三个:第一是利用丰富的柑橘种类和品种去适应千差万别的环境,这就要适地适种,实现柑橘良种区域化,选择生态条件适宜区种植相适应的柑橘种类和品种。第二是改造柑橘去适应不同环境,这就要认真选育和引进柑橘良种。第三是改造环境去适应特定的柑橘品种,这就要采取各种技术措施,改善柑橘园小环境,例如营造防护林,改善柑橘园生态环境;搞好柑橘园基本建设,提高柑橘树抗御自然灾害能力;加强管理栽培技术等。在这三个途径中第一个简单易行,第二个需经一定努力,第三个最难,要付出较大代价,增加成本。因此,为了提高柑橘品质,必须综合应用,尤其必须重视适地适栽和良种良法。

21. 为什么适地适栽可以提高柑橘品质

生物与环境是统一体,统一的基本途径之一就是利用丰富多彩的生物种类和品种去适应千差万别的环境。我国柑橘种类和品种繁多,各种类和品种对环境条件要求有一定差异。

我国地理环境也很复杂,仅亚热带的面积就达240万 km²,占全国国土总面积的四分之一,亚热带和热带地区适合各种不同的柑橘种类和品种栽培。根据甜橙和宽皮柑橘的生物学特性和各地的生态环境特点,将我国划分为最适宜、适宜、次适宜、不适宜或可能栽培四个区域。选择生态环境最适宜和适宜地区栽培,亦即在最适宜或适宜的地区栽培适宜的品种,做到"适地适栽"或"适地适种",可提高柑橘果实品质。例如:我国四川、台湾、闽南、粤南、桂南、滇南、贵州部分地区最适宜甜橙栽培,浙东南、闽西南、粤北、桂北、赣南、台北、滇黔低山河谷、四川盆地、湘南、鄂西三峡区等最适宜宽皮柑橘栽培。在最适宜气候区栽培,一般柑橘品质优良。

22. 为什么实现柑橘良种区域化可以提高柑橘品质

生物与环境统一的第二个途径是"改造生物去适应不同的环境"。改造的方法主要是选种、育种和引进优良品种。选育和引进一批能适应我国地理环境的高产、优质、抗病的柑橘良种,对提高柑橘品质有一定的意义。我国柑橘栽培历史悠久,品种资源丰富,不但有很多优良品种,也有优良的砧木。生产实践证明,锦橙、脐橙、伏令夏橙、新会橙、柳橙、雪柑、改良橙、哈姆林甜橙、先锋橙、冰糖橙、大红甜橙、温州蜜柑、蕉柑、椪柑、本地早、南丰蜜橘、沙田柚、楚门文旦、金柚、日本甜夏橙和金弹等,都是最适宜栽培在我国某一地区的优良品种。近10年来,各地选育出了不少优良株系,还从国外引进了一批优良品种、品系,经过一段时间的区域试验,就可推广应用。上述品种只要栽培在生态环境适宜的地区和采取合适的栽培技术措施,都可发挥优良品种的特性。目前我国良种普及率还不到 50%,因此加速优良品种、品系的选育和推广工作,是提高我国柑橘品质的重要措施之一。

23. 为什么改善柑橘生态环境可以提高柑橘品质

要使生物与环境统一,第三个途径是"改造环境去适应某种生物"。例如某地要种植某个柑橘品种,但生物体(柑橘)与环境不完全统一,亦即部分环境因子不能满足柑橘需要,人们可以采取各种措施,改造环境,使柑橘与环境达到基本统一,从而提高柑橘品质。改造环境的方法很好,归纳起来,主要有下列几点:

一是搞好柑橘园基本建设。我国柑橘主要产区属于亚热带季风气候,季风气候的优点是雨热基本同季,有利于夏湿生态型柑橘生育。但由于季风的不稳定性,常可形成高温、干旱、暴雨、湿害和冻害等自然灾害。因此,发展新柑橘园时,要坚持高标准,深翻改土,搞好排灌系统,在坡地要建设梯级柑橘园或等高种植,以防止水土流失和干旱、湿害等危害。土壤疏松,呈微酸或中性,含水量适中,果实就甜;反之,土壤板结、黏重、偏酸、含水量高,果实酸度增加。

二是营造柑橘园防护林。在柑橘园周围营造纵横交错的网格状防护林,是改善橘园生态环境,防御干旱、热害和冻害的一项综合性措施。据作者等在浙江省金华市冬季观测,防护林对减小风速、提高湿度和调节温度均有明显作用,使柑橘与环境趋向统一,从而促进橘树生育,减轻冻害。同时防护林对防御高温(日烧)、干旱和大风危害也有一定作用,因而也能提高果实品质。

三是应用常规栽培技术措施。应用各种常规栽培技术也是改造柑橘园环境,使生物体(柑橘树)与环境统一的重要措施。栽培柑橘的生态系统是人工生态系统,在人、生物、环境三者相互关系中,决定因素是人,因此,应用各种栽培技术措施,补充一定的能量和物质,也可以提高柑橘果实品质。例如:合理灌水、排水,保持适宜的土壤水分;合理施肥(包括肥料种类、施肥时期及方法),以有机肥为主,辅之以化肥,调节土壤中各种营养元素及其比例;适当修剪,以调节光照和风速,使柑橘园内有良好的通风透光条件;控梢疏果,使结果量适当,减少梢果矛盾;适时采收等都可提高果实品质。特别需要指出的是,如果实未熟即采收,将严重降低柑橘品质。

三、柑橘果实产量与气象

24. 什么是柑橘果实产量,影响因子是什么

所谓柑橘产量是指从柑橘树上采摘下来的品质优良、符合采摘标准的果实数量,一般以重量表示。为了表示产量高低,有时用株产(kg/株)或单位面积产量(kg/hm^2)表示。

在统计柑橘产量时也比较复杂,因为各类柑橘树的果实其果实大小、果皮与果肉比率、可食率不同。例如金柑类果形小,其纵横径只有 2～3 cm,但果皮可食用,因此可食率高。而柚类,则果形大,其横径达 15～20 cm,但果皮厚达 1～3 cm,因此可食率低。由于上述原因,不同柑橘类的产量缺乏可比性。如

果要研究柑橘产量高低,最好是同类柑橘进行比较。

柑橘果实产量高低受多种因子影响,除受环境因子,如气候、土壤、地形等外,主要受柑橘树种类、品种或品系特性、栽培密度、树龄、树冠覆盖度、栽培管理水平等影响。一般来说,对柑橘良种的成年树,土、肥、水管理合理,及时防治气象灾害或病虫害,适时采收的柑橘园产量高。

25. 柑橘产量与经济效益有什么关系,怎样提高企业的经济效益

种植柑橘树的目的是为获得优质高产的柑橘果实,以满足社会对水果的需要,这是社会效益。但对生产企业来说,还必须获得最大的经济效益。不过柑橘产量与品质之间存在一定的矛盾,同一株柑橘树或同一块柑橘园,当年采收的柑橘过多,会对柑橘的品质和第二年的产量产生一定的影响。

当前,柑橘质量(品质)已成为柑橘企业的生命线,柑橘已由卖方市场走向买方市场,柑橘市场竞争日趋激烈。提高柑橘品质,培育柑橘名牌,实施品牌营销,对解决柑橘产销矛盾具有重要意义。近几年来,浙江省柑橘市场已经出现滞销现象,有的质量欠优的柑橘即使价格降低也卖不出去,而产于浙江省临海市的"临海蜜橘"牌宫川温州蜜柑,价格比同类柑橘高 1~2 倍,仍然供不应求,给企业带来了显著的经济效益。

为了提高柑橘园的经济效益,首先是要提高柑橘的质量,培育"品牌",而不是单纯要求提高产量,不是柑橘结果愈多愈好,过多结果,会使树势衰弱,柑橘品质降低。因此,做好柑橘树的疏花疏果工作十分必要。疏花疏果的时间宜早勿迟,一般冬季修剪时疏除过多的花芽、花枝,开始开花时疏去质量差

和多余的花蕾,谢花后疏除差的幼果,定果前再进行疏果,具体时间要根据种类、品种和当地气候条件而定。疏花疏果过晚不但消耗养分,而且影响幼果发育,达不到预期目的。疏花疏果的程度,要根据树、枝、花量合理确定。一般根据树冠的枝叶量确定留果数,例如温州蜜柑的枝果比为 4∶1,叶果比为宫川(25～30)∶1,尾张(20～25)∶1,椪柑 50∶1,早橘 20∶1。根据以上比例确定的留果数,到成熟时一般果实大小适中,果皮颜色鲜艳,果肉甜酸比例优良,品质好,受消费者欢迎,能得到较好的经济效益;如果留果数太多,表面上产量提高了,但因品质差,经济效益反而降低。

26. 气象条件对柑橘产量有什么影响

气象条件影响柑橘生长发育,从而也影响柑橘产量。太阳能是柑橘通过光合作用制造有机物质的唯一的能量来源,光照强度影响柑橘树的生育及产量。根据某地的光合有效辐射可以计算该地柑橘树的理论产量及各级光能利用率的产量,可见光照对柑橘产量形成的重要性。

热量是柑橘树体内进行的全部生物与化学过程必需的条件,温度直接影响柑橘树的营养生长和生殖生长过程,在适温范围内,果树生长快,结果率高,单果重,产量高。温度过高或过低,对柑橘产量均会形成不利影响,造成热害或冻害,轻的影响正常生育,减少产量,严重的甚至使整株柑橘树枯萎或死亡。我国很多宽皮柑橘的良种,适合在整个亚热带地区栽培,但一般在亚热带南部比亚热带北部生长要好,产量也高。

水分是柑橘树正常生育必不可少的条件,水分保证了柑橘树有机体内全部生命过程的正常进行。在雨季,柑橘园积水,容易引起"湿害";降水太少的季节,则易造成"干旱";暴雨则易引起柑橘园水土流失,这些都会造成柑橘生育不正常,影响结果和产量。我国柑橘产区降水量通常是比较充沛的,能满足柑橘树生长需要。但在自然条件下,降水往往是不均匀的,有的地区(或有时)雨水太多,而另一些地区(或有时)降水又不足,从而影响柑橘正常生育和产量。

风虽然不是柑橘树生育的必要条件,但大风可使柑橘树叶落、枝断、根拔,甚至全株树倒伏枯死,从而影响柑橘产量。

27. 柑橘树的光能利用状况怎样,什么叫光能利用率

一般把单位土地面积上农作物通过光合作用所生产的有机物中所含的能量与投射到该单位面积上的太阳能的比值,叫做光能利用率。理论计算值一般可达 6.0%~8.0%,而实际生产中仅为 0.5%~1.0%,高的可达 2%,最高不超过 5%。日本学者试验,早生温州蜜柑(宫川)在 706.86 cm^2 的面积上,一年间获得的干物质为 131 g。根据当地的太阳辐射资料计算得到该地的光能利用率为 0.722%。但温州蜜柑当根系密集处深度的地温在 12 ℃以下时,几乎不能进行光合作用,这样除去冬季的低温天气,则光能利用率可上升到 0.88%。以上是以柑橘树的全部干物质计算的,如果除去干、枝、叶、根及果皮,剩下可食部分的光能利用率只有 0.087%。目前,全世界柑橘平均亩①产在 1 000 kg 以上,其中美国达 1 800 kg,日本为 1 500 kg,巴西为 1 400 kg。我国柑橘栽培

---

① 1 亩=1/15 hm^2,下同。

面积虽大,但单产低,按投产面积计算亩产量不到 1 000 kg,按栽培面积计算更少。假定美国的柑橘光能利用率为 1%,则高产柑橘园的光能利用率可达 3% 以上,而我国柑橘平均光能利用率不到 1%。

28. 柑橘的理论产量是多少,为什么要计算理论产量

所谓柑橘的理论产量,是指柑橘树生长的自然环境(如热量、水分和矿物质营养)适宜、空气中供应的 CO_2 正常、柑橘树树冠覆盖度大、柑橘树群体结构合理、生长状况良好状况下,柑橘树在最充分利用光能情况下所获得的果实产量,叫光合生产潜力。它与当前的实际产量相差很大,但从实际产量与理论产量的差距,可以判断该地柑橘树光能利用状况和栽培技术措施是否合理等。

柑橘理论产量的计算比较复杂,需要通过 13 个参数一步一步计算,影响柑橘树光合作用的参数有:该地的全年太阳总辐射、生长期($\geqslant 12.8\ ℃$时期)内太阳总辐射、光合有效辐射即生理辐射、投射到柑橘树群体上真正用于光合作用的光合有效辐射、由光能转变为化学能的系数、减去因呼吸消耗后的能量、柑橘树的理论生物产量、柑橘的经济产量、加上无机养分后的柑橘理论经济产量和包括水分在内的柑橘理论经济产量等,在计算时有的系数是经验系数,而且各个学者看法不同,因而会发生较大误差。笔者曾计算过我国柑橘产区各地的柑橘光合生产潜力和不同光能利用率下的柑橘理论产量。以我国柑橘主要产区浙江省黄岩为例,柑橘的理论经济产量(光能利用率为 10%)是 157 695 kg/hm^2,而光能利用率分别

为1%,2%和5%的柑橘经济产量分别为 15 765,31 530 和 78 840 kg/hm²。目前,浙江省的柑橘园光能利用率已达1%以上。

29. 限制柑橘树光能利用的因素有哪些

造成柑橘树光能利用率低的自然因素很多,主要有树冠覆盖度小、树冠内光分布不合理、光能转化率低、冬季受低温限制、夏季受水分供应影响、营养元素不足、自然灾害(气象及病虫害)的影响、CO_2供应量的限制等。

分析我国柑橘低产、光能利用率低的原因,主要是因为柑橘园基本建设差,防灾技术跟不上,"南黄北冻"一度成为我国柑橘产量不稳定的主要因素,即广东、福建、广西的黄龙病和长江中下游地区的冻害。我国大部分柑橘园,缺乏完整的水土保持工程和有效的排灌系统,山顶没有水源林,平地缺乏防护林,干旱、冻害、幼果期干热风造成巨大损失。另一个原因是柑橘园管理粗放,"小老树"柑橘园面积大,肥料、农药跟不上,造成病虫滋生,营养不良,柑橘园没有绿肥覆盖,水土流失严重,土壤保水保肥力差,影响柑橘树势和产量,光能利用率低。如果设法解决上述矛盾,则可提高柑橘单位面积产量和光能利用率。

30. 提高柑橘树光能利用率的途径和方法是什么

提高柑橘树光能利用率的途径很多,从农业气象学角度有下列几方面:

第一,合理密植。合理密植可以增加柑橘树的光合器官,获得较高的柑橘产量,具体密植程度应根据当地的气候、土壤等自然条件及柑橘种类、品种、砧木、栽培管理水平而定。例如浙江省衢州市派溪头七队,属中亚热带季风气候,共1.72亩椪柑,每亩定植166株,定植后7年平均亩产达2 297 kg。亩产最高的1981年达到7 238 kg。

第二,合理修剪。合理修剪可以改善树冠内的光照条件,获得较多的光合产物。具体修剪方法应根据气候、品种特性及土壤条件而定。对树冠外部结果良好的品种,最好设计成波浪形的树冠,使光线透进树冠内部,促使内部枝条结果。

第三,改进肥水管理。适宜的肥水条件,可为柑橘树提供其生长发育所必需的水分和营养,是提高柑橘单位面积产量的重要物质基础。同时,水、肥还直接影响叶面积大小,从而影响群体通风透光条件。

第四,改善果园CO_2供应和通风。在大田条件下,加强CO_2的湍流交换或施用CO_2,均可提高其光能利用率。

第五,选育优良品种。选育合理的株型、叶型及适合高密度种植的品种,也是提高光能利用率的重要措施。优良的柑橘品种,除了抗性强外,还应该叶片短而挺直,群体互相遮阴少,利于光合产物的累积。

四、柑橘适宜栽培区域与气候

31. 我国柑橘栽培主要分布在哪些地区

我国的柑橘大都分布在北纬18°~33°、东经97°~122°之间,即南起海南岛南端,北至秦岭山脉南坡,东至台湾省东岸,西至西藏雅鲁藏布江河谷;海拔高度低至海平面附近,最高的达 2 600 m(四川省巴塘县)。在这个广阔的范围内有 18 个省(市、自治区)种植柑橘。但是历史比较久远、柑橘比较集中成片的经济栽培区,主要集中在北纬 20°～32°之间,海拔高度大多在 700 m 或 1 000 m 以下(不同纬度地区不同)。粤、桂、浙、闽、台、川、滇、黔、湘、鄂、赣、渝等省(市、自治区)是主要产区,而苏、皖、沪、豫、陕、甘等省(市)只在小气候条件比较优越的局部地区栽培。

根据柑橘分布的集中程度和自然条件的相似性,我国的柑橘生产大致可以分为下列五个区:①四川盆地,含川、渝 2 省(市),主要生产锦橙、地方甜橙和红橘类;②长江中下游柑橘区,包括浙、湘、鄂、赣、苏、皖、沪 7 省(市),主要生产宽皮柑橘,如本地早、黄岩早橘、椪柑和温州蜜柑等;③华南沿海柑橘区,包括粤、桂、闽等省(自治区),主要生产蕉柑、椪柑、新会橙、柳橙和香水橙;④云贵高原柑橘区,包括滇、黔 2 省,主要生产宽皮柑橘及甜橙;⑤台湾柑橘区,含台湾岛等,主要生产椪柑、蕉柑及橙类。

32. 我国柑橘产区的主要气候特点怎样

我国柑橘产区以栽培宽皮柑橘类和甜橙为主,主要栽培在亚热带地区,属亚热带湿润季风气候。我国亚热带可分 4 个区域,即:北亚热带、中亚热带、南亚热带和亚热带西部地区。我国亚热带有两个显著特点,一是湿润多雨、夏湿冬干,因此宜栽培夏湿型柑橘品种,不宜栽培夏干型品种;二是冬季常受寒潮侵袭,气温低,冻害严重,尤以北亚热带地区更甚。

北亚热带地区包括甘肃武都、陕西汉中、河南淅川、湖北武汉、安徽宿松、上海长兴岛、湖南常德等地,有柑橘栽培。该区域≥10 ℃的天数只有 230 天左右,年活动积温约 4 000 ℃·d,冬季严寒,1 月平均最低气温为 2.2 ℃,极端最低气温在-10 ℃以下,冻害频繁而且严重。中亚热带地区包括川、黔、湘大部、赣、浙、闽、台、粤、桂、滇大部,是我国柑橘主要产区。该区≥10 ℃的天数有 240~300 天,年活动积温 5 000~6 000 ℃·d,极端最低气温除北部低于-7 ℃外,一般都高于-7 ℃,宽皮柑橘类少冻害。南亚热带包括闽、粤、桂、台南部,热量丰富,≥10 ℃的天数在 300 天以上,年活动积温 6 000~8 000 ℃·d,冬季极端最低气温多数不低于-3 ℃,几乎无冻害。亚热带西部地区,由于北有青藏高原阻挡寒潮,冷空气不易侵入,因此冬季最低气温偏高,如西昌的极端最低气温为-3.8 ℃,柑橘一般栽培在河谷地带,海拔高,冬季温度偏低,年活动积温只有 4 100 ℃·d,由于社会经济条件限制,柑橘栽培较少。

33. 为什么要划分柑橘栽培适宜性气候区,划分的指标怎样确定

气象条件与柑橘果树的生长发育、果实品质以至存亡有着密切关系。在适宜的气候条件下柑橘生长发育良好,产量高,品质优良,冻害轻。因此,根据气候条件对柑橘栽培的适宜程度进行气候适宜性区划,对柑橘生产有重要意义。全国可划分为气候最适宜区、适宜区、次适宜区和不适宜区。各区对柑橘栽培的适宜性程度是:

(1)最适宜区:无冻害,生长发育迅速,开花结果良好,丰

产稳产,果实浓甜芳香,果汁丰富,能表现出优良品种的固有特性。

(2)适宜区:基本没有冻害或每10年以上有一次1~2级冻害,对当年柑橘树生长和产量有不同程度影响。正常年柑橘树的生长发育和丰产性与最适宜区类似,果实美观,品质上等,含酸量稍高,耐储性好。

(3)次适宜区:分两种情况,一是低温影响,每5~10年发生一次1~2级甚至3~4级冻害,伤及二年以上生枝条乃至老枝、主枝,甚至导致个别植株死亡。但是冻后1~2年大多数能恢复正常。正常年柑橘树的生长发育情况、结果习性和产量与适宜区基本相似,果实美观,含酸量高,含糖量较低,品质不及适宜区,难以表现出优良品种的固有特性。二是高温影响,虽无冻害,但果树生长过旺,树冠高大,开花结果稍少,产量略低,果皮较粗,色较浅,果实易于浮皮枯水,糖、酸含量均低,风味淡,品质差,经济价值低,果实可提前于9月底或10月初采收。

(4)不适宜区:连年或每3~4年发生一次3~4级甚至4~5级冻害,影响柑橘的生长发育,开花结果少,产量低,果品含酸量高、含糖量低,无风味。

那么,怎样进行柑橘栽培适宜性气候区划呢?先要确定一个区划指标。在温、光、水三个基本要素中,与柑橘果树关系最密切而又难以控制的因子是温度。温度的高低不但影响树势、产量和果实品质,而且是植株能否生存的决定性因素。所以温度因子是柑橘气候区划最主要的一项指标。我国长江上游地区冬季温和,基本没有冻害,但是全年积温不高。所以该地区区划时低温冻害可以不作为重点,而年平均气温和积温则非常重要。长江中下游地区则相反,夏季温度高,全年积温多,但冬季严寒,经常发生冻害。因此该地区冬季的低温冻害及其发生频率是最主要的指标。华南地区没有冻害,但是某些地区温度过高以致影响产量和品质,夏橙需要挂果越冬,所以年平均气温、积温和1月平均气温都是很重要的因素。

34. 划分我国柑橘适宜性气候区的气象指标是怎样的

在气象条件中,温度对柑橘栽培影响最大,关系最密切,往往是柑橘栽培的限制因子,因此以气温作为主要划分指标。我国主要栽培甜橙和宽皮柑橘,这两类柑橘对气象条件要求不同,因此它们的划分指标也不同。

甜橙(以普通甜橙和血橙为代表)的划分指标如下。最适宜区:年平均气温18~22 ℃,≥10 ℃活动积温5 500~8 000 ℃·d,极端最低气温>-3 ℃。适宜区:年平均气温17~18 ℃或>22 ℃,≥10 ℃积温5 000~5 500 ℃·d或>8 000 ℃·d,极端最低气温>-5 ℃且<-3 ℃的频率<20%。次适宜区:年平均气温15~16 ℃,≥10 ℃积温4 500~5 000 ℃·d,极端最低气温>-7 ℃且<-5 ℃的频率<20%。不适宜区:年平均气温<15 ℃或>24 ℃,≥10 ℃积温<4 500 ℃·d或>8 500 ℃·d,极端最低气温<-7 ℃。

宽皮柑橘(以温州蜜柑为代表)的区划指标如下。最适宜区:年平均气温17~20 ℃,≥10 ℃积温5 500~6 500 ℃·d,极端最低气温>-5 ℃。适宜区:年平均气温为16~17 ℃或20~22 ℃,≥10 ℃积温5 000~6 500 ℃·d或6 500~7 500 ℃·d,极端最低气温>-7 ℃且<-5 ℃频率<20%。次适宜区:年平均气温为14~16 ℃或22~23 ℃,≥10 ℃积温

4 500～5 000 ℃·d或7 500～8 000 ℃·d,极端最低气温>－10 ℃且<－7 ℃频率<20%。不适宜区:年平均气温<14 ℃或>23 ℃,≥10 ℃积温<4 000 ℃·d或>8 000 ℃·d,极端最低气温<－10 ℃。

35. 从气候条件看我国哪些地区最适宜栽培甜橙

从气候条件看,我国最适宜栽培甜橙的地区有:

第一,华南丘陵平原南亚热带甜橙最适宜区。包括粤、桂、闽、台的大部分或一部分区域。本区年平均气温18～22 ℃,≥10 ℃积温6 500～8 000 ℃·d,1月平均气温7～13 ℃,极端最低气温0 ℃以上;年降水量1 400～2 000 mm,空气相对湿度78%～82%;年日照时数1 800～2 000小时。甜橙果实品质优良,皮薄,糖高酸低,味浓。栽培的新会橙、柳橙、雪橙等品种优质高产。本区范围内,凡1月平均气温超过10 ℃的地区,夏橙和晚熟品种可以挂果越冬。

第二,长江上游四川盆地丘陵浅山中亚热带甜橙最适宜区。包括岷江的宜宾以下,沱江的内江以下,嘉陵江的合川、潼南以下,金沙江的屏山以下和水富等县、区,属中亚热带气候类型。年平均气温18～19 ℃,≥10 ℃积温5 500～6 000 ℃·d,1月平均气温7～8 ℃,年平均最低气温在－1 ℃以上,极端最低气温个别县可以达到－3～－2 ℃,但是为时很短;年降水量1 000～1 200 mm,空气相对湿度在80%以上;年日照时数在1 200小时左右。本区与第一区相比,不仅是甜橙最适宜区也是宽皮柑橘最适宜区,还有名产柚。除种植柳橙、新会橙不及第一区外,其他橙类的产量和品质与第一区相似,而且果实的外观、色泽比第一区好。由于 1 月平均气温仅 7~8 ℃,因此夏橙和晚熟品种必须采取措施,冬季才能保果。

第三,云贵高原干热河谷中、南亚热带甜橙最适宜区。包括云南西南部怒江、澜沧江、元江、南盘江、北盘江等河谷低山的海拔 1 300 或 1 500 m 以下的县(市)和金沙江河谷,四川的渡口等县,黔南的罗甸等县部分区域,年平均气温 18~22 ℃,≥10 ℃积温 6 500~7 500 ℃·d,1 月平均气温 9~12 ℃,年平均最低气温在 0 ℃以上,个别地方最低气温为 -1.5 ℃,但时间很短;年降水量 1 000~1 200 mm,空气相对湿度 75%~80%;年日照时数 1 800~2 300 小时。本区属于高原地带,地形差异很大,柑橘只能零星分布于各县,我国现有的甜橙品种都适宜在本区栽培。果实色泽较浅,皮较粗,品质随地形、地势、管理条件而异。本区水源比较缺乏并有黄龙病发生。

36. 从气候条件看我国哪些地区适宜栽培甜橙

根据气候条件,我国有 4 个区域适宜栽培甜橙:

第一,琼雷边缘热带甜橙适宜区,包括雷州半岛和海南岛大部。年平均气温约 23 ℃,≥10 ℃积温约 8 000 ℃·d,1 月平均气温 15~18 ℃,年平均最低气温 2.8~5.0 ℃;年降水量 1 200~2 000 mm,空气相对湿度约 80%;年日照时数 2 000~2 400 小时。本区属于热带海洋性气候,温度高,没有冬季,多雨,湿度大,光照强烈,夏季常遭受高温和台风危害。由于冬季缺乏适宜的休眠期,柑橘树生长旺盛,结果比较好,但果色浅,果皮粗,含糖量中等,含酸量低,容易枯水,果实品质不及最适宜区。

第二,江南丘陵中亚热带甜橙适宜区。包括浙江温州、平阳,福建闽清和西南各县,江西的赣南各县,广东北部各县,湖南道县和宁远县,广西的龙胜、兴安以南各县。年平均气温16.5～19.0 ℃,≥10 ℃积温5 000～6 500 ℃·d,1月平均气温6～7 ℃,年平均最低气温－3～－2 ℃,极端最低气温－6 ℃;年降水量1 400 mm。属中亚热带类型,甜橙有周期性的1～2级冻害,但对产量影响不大。果实品质中上等,果色深而光滑。一般甜橙品种都能适宜种植,但在山区种植高度不宜超过海拔400 m。

第三,四川盆地丘陵浅山中亚热带甜橙适宜区。包括四川盆地西北、南和东南各县(市),湖北的巴东、秭归、兴山县。本区与第二区气候条件基本相似,但气温较低。年平均气温15.8～17.8 ℃,≥10 ℃积温5 000～5 500 ℃·d,1月平均气温5～7 ℃,年平均最低气温－3～－2 ℃,极端最低气温－6 ℃。偶尔有冻害发生,甜橙和宽皮柑橘冻害都较严重。本区四川的南充、金堂和湖北的秭归是有名的老产区。除个别冻害年以外,甜橙生长发育均佳,果实外形美观,含糖量和维生素C含量都较高,但是含酸量高于最适宜区。本区无黄龙病但是应注意预防周期性冻害。

第四,云贵高原河谷南亚热带甜橙适宜区。包括云南海拔1 300 m的中山地带各县,四川南部的沐川、屏山、美姑等县,贵州的赤水河、乌江中下游等沿江各县(市)的海拔较高处。属高原亚热带气候,气温稍低,年平均气温15.8～17.8 ℃,≥10 ℃积温5 000～5 500 ℃·d,1月平均气温5～7 ℃,年平均最低气温－3 ℃,极端最低气温－5 ℃。该区基本没有冻害,但原有甜橙甚少,近年来保山等地引种的暗柳橙、新会橙、锦橙和脐橙生长发育良好,果实外观、品质均佳,有发展前途。

37. 从气候条件看我国哪些地区最适宜栽培宽皮柑橘

从气候条件看我国有下列 3 个区域最适宜栽培宽皮柑橘:

第一,江南丘陵中亚热带宽皮柑橘最适宜区。包括浙江沿海各县(市),广东中、北部,福建大部分县(市),湖南中南部,广西中、北部,贵州都柳江流域各县(市)。年平均气温 17～20 ℃,≥10 ℃积温 5 000～5 500 ℃·d,1 月平均气温 5～10 ℃,年平均最低气温－4～0 ℃。热量丰富,无冻害,发展温州蜜柑(其中主要是尾张,也可发展宫川和兴津)和椪柑,表现稳产,果实含糖量高,甜味浓,酸度一般,品质优良。

第二,四川盆地丘陵浅山中亚热带宽皮柑橘最适宜区。包括甜橙最适宜区的第二区,湖北的巴东、兴山、秭归,贵州的赤水河、乌江中下游各县(市)。年平均气温 17～18 ℃,≥10 ℃积温 5 300～6 000 ℃·d,1 月平均气温 5～8 ℃,年平均最低气温－2 ℃左右。这一区域除巴东等地曾遭受过冻害以外,其他地区基本没有冻害,是传统的宽皮柑橘老产区。栽培的红橘和温州蜜柑都是优质高产。

第三,云贵高原干热河谷中低山宽皮柑橘最适宜区。包括滇西、滇南、滇东北和滇西北的会泽等县,以及四川南部山部分县,海拔约 1 000～1 600 m;贵州南、北盘江下游,红河上游中低山海拔约 1 000 m 以下地区。本区年积温高,冬季不冷,冬春干旱,光照强。在灌溉条件下柑橘生长发育迅速,容易丰产。栽培品种有红橘、椪柑、皱皮柑、黄皮柑和杂柑等,未发生过冻害,但有黄龙病发生。近年发展温州蜜柑虽然面积不大,但是果实品质好,果大色浅,椪柑、温州蜜柑和红橘在本区能适应。

38. 从气候条件看我国哪些地区适宜栽培宽皮柑橘

从气候条件看我国有4个区域适宜栽培宽皮柑橘:

第一,华南丘陵平原南亚热带宽皮柑橘适宜区。包括福建沿海,广东、广西中南大部和台湾部分区域。本区宽皮柑橘和甜橙混栽,宽皮柑橘的名种有蕉柑、椪柑。蕉柑丰产,结果早,但寿命不长;椪柑品质优良,果实大,寿命长,树势强健,丰产性能好,始果期比蕉柑迟一两年。

第二,江南丘陵中亚热带宽皮柑橘适宜区。本区基本上是甜橙的次适宜区,即武夷山、南岭、苗岭南北,包括浙江东南沿海,福建中南部,江西、湖南、贵州的许多县(市)。本区寒潮入侵容易、强度大,低温冻害严重,每10年左右有一次2级到3～4级冻害。但是柑橘树在冬季具有较好的低温休眠期,南丰蜜橘、本地早、朱橘、黄皮、温州蜜柑等在本区域生长发育好,能丰产稳产,品质亦佳。

第三,四川盆地丘陵浅山中亚热带宽皮柑橘适宜区。包括四川盆地本部的绵阳、温江两地区绝大部分县(市)。年平均气温16℃左右,1月平均气温4～5℃,年平均最低气温-7℃左右。本区是红橘生产区,川北还栽培有皱皮柑、温州蜜柑等品种。生长良好,没有冻害,果实品质甚佳。贵州的赤水河和乌江部分县的部分区也属于本区。

第四,云贵高原中山宽皮柑橘适宜区。主要是云贵高原,一是高原中部,包括云南的许多县和四川西昌的部分县,海拔1 300～1 700 m,年平均气温 16～18 ℃,≥10 ℃积温 5 200～5 500 ℃·d,1 月平均气温 4～5 ℃,年平均最低气温－5～－4 ℃。极端最低气温－7 ℃。气温年较差小、日较差大,冬季温度稍低,但是没有冻害。原有的宽皮柑橘,如宾川、会理的红橘品质很好。二是云南的西双版纳和保山以北,四川的渡口等地,年平均气温 20～22 ℃,≥10 ℃积温 6 500～7 500 ℃·d,1 月平均气温 10～13 ℃,年平均最低气温 0 ℃左右。气候温热干燥,灌溉条件下椪柑可以获得丰产,酸度低,品质好,适宜栽培。温州蜜柑和红橘也可以适应。

39. 什么叫柑橘避冻区划,怎样选择无冻区栽培柑橘

根据柑橘树的耐寒性、柑橘越冬期的气候条件(低温强度及其频率)和柑橘多年来的冻害实况进行区域划分,叫柑橘避冻(或越冬、冻害)区划。进行柑橘避冻区划的目的,首先是为了在柑橘栽培的北缘地区能够因地制宜地选择合适的地区栽培适当的品种,以保证柑橘安全越冬,防止冻害发生,从而为有关部门制定柑橘生产的远景规划、确定柑橘生产基地提供科学依据。其次是对已经种植柑橘的易冻地区,揭示该地冻害规律,以便因地制宜地采取各种农业技术措施和防冻措施,避免或减轻因冻害而造成的损失,促进柑橘全面稳产高产,并进一步为柑橘生产区划提供参考。

浙江省柑橘种类很多,为了便于比较和生产上应用,确定

以我国和浙江普遍栽培的温州蜜柑为标准进行划分。关于柑橘的越冬条件,主要考虑极端最低气温和各级低温出现的频率及其分布,适当参考年极端最低气温多年平均值及20年中4次年极端最低气温平均值的分布。

区划的方法,首先根据极端最低气温的等温线大致划分为4个一级区,具体界线的确定还参考了各地冻害的状况、低温出现的频率和年极端最低气温的多年平均值。在4个一级区中,主要根据地形地势、水分条件(夏秋干旱)和最低气温频率的分布,再划分为9个二级区(简称副区)。柑橘越冬区的命名,一级区以地理位置、柑橘种类和冻害轻重程度进行命名,二级区则以柑橘集散地或柑橘生产集中地点和历史上的习惯称法进行命名。

根据以上划分的依据和方法,将浙江省全省初步划分为4个一级区和9个二级区,即:浙江东南沿海温州蜜柑无冻区(含温州、永嘉副区),浙江南部温州蜜柑轻冻区(含丽水、台州、宁波副区),浙江中部温州蜜柑中冻区(含衢常、金华、绍兴副区),浙江北部温州蜜柑重冻区(含杭州副区)。

根据浙江省柑橘避冻气候区划,浙江东南沿海和浙南是无冻或轻冻区,可重点发展宽皮柑橘如温州蜜柑,并适当发展甜橙;在中冻区发展柑橘要慎重,特别要注意小气候利用和重视抗寒防冻工作;在重冻区不宜发展柑橘生产。

40. 什么叫柑橘生态区划,怎样选择生态适宜区栽培柑橘

根据柑橘树对生态条件(气候、土壤、地形、地势和生物等)的要求及地区的生态特点进行区域划分,叫生态区划。笔

者曾经对我国宽皮柑橘主要产区的浙江省进行宽皮柑橘生态区划。

区划的原则是：①生态条件的类似性与改造自然和采用农业技术措施的共同性相结合的原则。根据宽皮柑橘的生物学特性及其对生态条件的要求，将生态条件类似、改造自然和采用的农业技术措施基本相同的区域划为同一区。②主要生态条件与次要生态条件相结合的原则。宽皮柑橘对各生态因子的要求是综合的，但有主次之分，根据浙江省具体情况，越冬条件是决定宽皮柑橘能否栽培的主要生态因子，但其他因子也必须同时考虑。③分区同片的原则。根据多种要素相结合特征的差别划分出来的生态区域，每个区在地域上是连成一片的。但浙江省地形复杂，山区的生态条件有明显的垂直地带性，本文主要依据海拔高度 350 m 以下的平原、低丘陵的生态条件进行划分，所以仍需遵守分区同片的原则。

划分的方法及指标。首先，根据极端最低气温历年平均值（T_m）的高低及全年$\geqslant$10 ℃的活动积温（$\sum T$）多少，将全省划分为 4 个一级生态区：T_m>$-$4 ℃和$\sum T$>5 500 ℃·d 为最适宜区域，宽皮柑橘无冻害；T_m 在$-$4～$-$5 ℃之间与$\sum T$>5 000 ℃·d，为适宜区域，冻害轻，出现冻害的几率小，对产量影响不大；T_m 在$-$5～$-$6 ℃之间与$\sum T$>5 000 ℃·d，为次适宜区域，冻害中等，出现冻害的几率较大，对生产有一定影响；T_m<$-$6 ℃与$\sum T$<5 000 ℃·d，为不适宜区域，冻害重，出现冻害几率大，对生产影响大，经济效益低。其次，在 4 个一级生态区中，再根据出现冻害几率大小、夏秋季水分状况、地形地势和土壤条件，划分 11 个二级生态区。在各个一级生态区中，划分二级生态区的具体指标及因子略有不同。生态区的命名是：一级生态区以地理位置及宽皮柑橘的适宜

程度进行命名;二级生态区的名称则以柑橘集散地或柑橘生产集中地点和历史上的习惯称法进行命名。区划结果是:浙江省东南沿海为最适宜地区(含温州、乐清二级区),东部沿海是适宜区(含台州、宁东、舟山二级区),中部和南部为次适宜区(含丽水、衢常、金华、宁西二级区),北部是不适宜区(含绍兴、杭嘉湖二级区)。

根据柑橘生态适宜性区划,应选择生态最适宜区和适宜区栽培柑橘,在次适宜区发展柑橘要慎重,在不适宜区则不要发展。

41. 什么是柑橘生产区划,怎样根据生产区划确定柑橘基地县建设

根据发展柑橘生产的自然生态条件、社会经济条件和生产现状进行的区域划分叫柑橘生产区划。笔者等曾对浙江省进行过柑橘生产区划。

区划的原则是:①自然条件、社会经济条件的类似性与改造自然和采用农业技术措施的共同性相结合的原则。影响柑橘生产的主要因素是自然条件(如气候、地形、土壤、水文、土地资源、种质资源等)、社会经济条件(如人口、劳力、畜力、科技教育、文化水平、栽培经验、农业技术装备、储藏加工能力、交通运输条件、人民需要、群众生产积极性等)和生产现状(如品种构成、经营制度、现有生产水平等)。本区划考虑到上述诸因素,但以柑橘生态条件作为柑橘生产区划的主要依据。②柑橘生产特点和发展水平的相对一致性与今后发展方向和国家需要的共同性相结合的原则。浙江省温州、黄岩、衢州等县(市),栽培柑橘已有数千年历史,而有的地方则是新发展的

柑橘生产区,因此各地生产水平不同,但适合全省栽培的柑橘种类不少,为了获得高产优质的果品,根据国家需要和该省的具体情况,除注意适当地保留和发展一定面积的地方传统品种(如黄岩早橘、瓯柑、楚门文旦)外,本区划应以全国确定的、并适合该省发展的柑橘良种(如温州蜜柑、本地早、椪柑、雪柑、金柑)为主。③生态条件和保持行政单位的完整性相结合的原则。浙江省地形复杂,同一地区内由于气候的垂直变化及海洋对气候的影响,柑橘生态适宜性显著不同,本区划主要根据海拔高度在 350 m(浙南)或 250 m(浙中及浙北)以下的生态条件进行划分。为了便于国家下达生产任务,区划界线保持较低一级行政单位的完整性。

省一级的二级区划,首先根据上述原则将全省划分为 5 个一级区,然后在 5 个一级区中,根据柑橘生态条件、群众栽培习惯及发展柑橘品种的类似性,划分为 9 个二级区。分区名称采用复合命名法,一级区以地理位置和柑橘种类进行命名,二级区(亦称亚区)以地理位置或柑橘生产集中地点和柑橘品种命名。5 个一级区分别是:浙江东南部沿海甜橙、宽皮柑橘栽培区,浙江东部宽皮柑橘、柚栽培区,浙江东北部宽皮柑橘、金柑栽培区,浙江中部宽皮柑橘栽培区,浙江北部及南部山区宽皮柑橘零星栽培区。全国柑橘生产基地县应根据生产区划确定,而且各区发展的柑橘种类和品种应不同。

42. 什么是县(市)级柑橘生态区划,怎样利用县(市)级生态区划确定主产柑橘的乡(镇)

我国县(市)一级行政单位,其面积由几百到几千平方千米不等,在这样的一个区域内大气候差异不大,但局地气候由于地形等因素明显不同。在一个县的范围内可能某个乡或某个村适宜栽培柑橘,因此进行县(市)级生态区划有实际意义。

笔者曾对浙江省江山市进行过柑橘生态区划,区划的原则主要考虑:①该区划是县(市)一级生态区划,其划分标准应与全国及省一级的柑橘生态区划衔接;②由于柑橘种类很多,不同种类对生态条件要求差异极大,因此区划应以该地主要柑橘种类宽皮柑橘(以温州蜜柑为代表)的生态学特性为主要依据;③柑橘对生态条件的要求是综合的,其中气候条件对柑橘生产影响最大,而且目前难以大规模地控制和改造,因此划分时应以气候因子(特别是冬季低温和夏季干旱)为主要依据。

江山市地形复杂,北部为河谷平原、南部为丘陵低山。在地形起伏不平的地区,县级生态区划可分无形指标(气候)和有形指标(地形)两类,无形指标根据气象资料参照全国和浙江省确定的气象指标进行;有形指标要考虑所在地的海拔高度、相对高度和种橘地段外围地形状况等,特别要考虑地形对冬季低温的影响和历年柑橘树受冻害的实际状况。结果将全市划分为4个柑橘生态区,即宽皮柑橘生态近适宜区、次适宜区、可能种植区和不能种植区。结果表明,江山市不宜大力发展柑橘生产和建设柑橘商品基地,但可选择生态近适宜区的几个乡(镇)少量种植柑橘。在规划时要严格选择地形有利、水域小气候适宜地段,同时在栽培过程中,要采用以深翻改土为中心的综合性栽培措施,注意选用耐寒柑橘品种,增施有机肥料,兴修水利。

43. 为什么要进行全国、省（市、自治区）、县（市）三级柑橘气候区划，对生产部门有什么作用

我国位于亚洲东部，太平洋西岸，领域内地形复杂，气候条件差异很大，全国可分为热带、亚热带和温带三类气候区，适宜于各类柑橘栽培的面积占全国总面积的25%以上，但适宜程度不一样，有的地区气象灾害频繁，因此为了因地制宜发展柑橘生产，进行全国柑橘栽培气候区划非常重要。

我国省（市、自治区）一级行政单位，面积在几万到几十万平方千米，由于南北、离海远近的不同及地形影响，气候条件也多种多样，东南沿海是宽皮柑橘最适宜区和甜橙适宜区，而北部不能或只能零星栽培柑橘，因此进行省（市、自治区）一级的柑橘区划对生产部门也很有参考价值。

县（市）级行政单位，其面积有几百到几千平方千米不等，在柑橘栽培的北缘地区，由于区域内地形及离大水域远近不同，也会形成多种多样的气候适宜区，因此，县（市）级柑橘气候区划对指导农民朋友要不要栽培柑橘，栽培什么品种，要采取什么措施等，具有重要的参考价值。

因此，全国、省（市、自治区）和县（市）三级柑橘栽培气候区划，对生产部门指导柑橘生产、制定柑橘生产规划和计划、确定柑橘商品基地建设具有十分重要的意义。

44. 为什么要进行冻害、气候、生态和生产四类柑橘区划，对生产部门有什么作用

柑橘冻害区划，主要是根据柑橘树的耐寒性、地区受冻害的程度和发生频率、历史上受冻害状况进行划分的，它的用途是避免或减轻冻害损失，所以冻害区划也叫柑橘避冻区划或柑橘越冬区划。

柑橘气候区划，主要考虑柑橘树对气候条件的要求及地区的气候特点进行划分，不仅要考虑温度，还要考虑水分、光、风等情况，不仅要考虑冬季气候（如低温冻害），还要考虑整个生育期（如夏季高温干旱状况）。所以柑橘气候区划主要以气候的适宜性程度来确定可不可以或要不要发展柑橘。

柑橘生态区划是根据柑橘树对生态条件的要求及地区的生态条件进行划分，这里讲的生态条件是自然条件的总体，包括地形地势、气候、水文（河流、湖泊、地下水等）、土壤及生物（动物、植物、微生物）等，因为柑橘对生态条件的要求是综合的，有的地区气候适宜但土壤不适宜，也不能发展柑橘。因此，柑橘生态区划主要从生态条件的适宜性来考虑该地区可否发展柑橘。

柑橘果实是一种产品，柑橘是一种商品，发展柑橘生产要考虑经济效益，作为商品的柑橘要考虑有没有销路、运输、储藏等条件，这就要进行柑橘生产区划。生产区划不仅要考虑某地区的生态条件，还要考虑该地区的社会经济条件，例如人口、劳力、畜力、科技教育、文化水平、栽培经验、农业技术装备、储藏加工能力、交通运输条件、人民需要、群众生产积极性

等。既要考虑自然条件又要考虑社会经济条件,这就是生产区划,它对确定该地区能否发展柑橘有决定意义。

由上可见,柑橘冻害、气候、生态和生产等区划,划分的目的、原则和方法不同,其用途也不同,一般生产区划应建立在合理的生态(或自然)区划基础上,而冻害、气候区划可使自然区划更合理、更符合实际情况,为生产部门决策提供科学的依据。

五、柑橘树冻害及其防御方法

45. 什么是柑橘树冻害,影响柑橘树冻害的因子有哪些

所谓柑橘树冻害,就是柑橘树植株在休眠或停止生长的时期(冬季),当温度下降到足以引起营养器官(叶、枝、梢、主干)或生殖器官(如夏橙的果实)受害或死亡的现象。柑橘受冻后,轻者叶片卷曲、脱落,枝梢枯萎,影响柑橘树正常生育;重者裂皮,甚至整株冻死。

柑橘树冻害的形成比较复杂,它受多种因子综合影响。研究认为,影响柑橘树冻害的因子可分植物学因子与气象学因子两方面。前者包括柑橘种类、品种(品系)和砧木,植株生长状况,树龄及枝梢的成熟度,病虫为害状况,以及上一年的结果多少与采果迟早(影响植株内营养物质的累积和消耗状况)等。耐寒性强、栽培管理水平高、植株生长健壮、未遭受病虫害的橘树受冻往往较轻,反之则较重。气象学因子除包括低温强度与低温持续时间外,还包括受冻期间或之后其他气

象要素(如风向风速、空气及土壤湿度等)及解冻时的气象条件(如气温日较差)等。在同样的低温强度和持续时间下,如果受冻期间刮干燥的西北风,受冻后天气晴朗,早晨太阳辐射强,温度急剧上升,往往使冻害加重。冻前出现连续的久旱天气,土壤过分干燥,往往也受冻较重,浙江橘农有"烂冻冻在皮,燥冻冻在心"的农谚。另外,冬季长期阴雨,造成柑橘园积水,也使冻害加重。若雪后凝霜,则冻害特别重,湘、赣、苏、浙等省橘农有"雪后霜,柑橘光"的谚语。这是因为积雪凝霜大多发生在冬季晴天早上,由于雪是热的不良导体和反射率大,雪面温度可比同高度的气温低5~7℃,因而不仅可使柑橘枝叶冻死,甚至使主干严重受冻。影响柑橘冻害的因子很多,其中最低气温是影响柑橘冻害的主要因子。

46. 怎样进行柑橘冻害调查,各级柑橘树冻害标准是怎样的

为了鉴定柑橘园受冻害程度,一般根据柑橘树各器官(叶、枝、干)受冻后的形态变化,制定柑橘冻害标准,目前在国内柑橘冻害的调查中,一般根据受害程度分为6级,各级冻害标准如下:

0级:未受冻,对产量无影响。

1级:秋梢、晚夏梢叶片受冻,25%以内叶片失绿卷曲或脱落。嫩梢(秋梢、晚夏梢)轻微受冻,基本上没有裂口。对产量基本上没有影响。

2级:夏梢、部分春梢50%~75%叶片失绿、卷曲或脱落,幼树75%叶片脱落。嫩梢受冻,当年生小枝部分受冻,小枝枯黄不裂或皮层开裂,裂口小,非连续性开裂,可修剪到2年

生枝。减产25%～50%。

3级：春梢受冻，大部分叶片失绿、卷曲或脱落、干枯，幼苗、幼树叶片全部脱落。多年生小枝受冻，枝条皮层开裂，裂口大，皮层尚未宽脱，能使其愈合，可更新。减产60%～70%，少有产量。

4级：叶片全部受冻，表现为卷曲、脱落或干枯。大枝受冻，皮层干裂，裂口大，主枝和部分主干皮层宽松，可截干更新，重新抽发新梢。无产量。

5级：叶片全部受冻、脱落。整个主干皮层宽松剥落，截干后不能抽发新梢，或嫁接口以上干枯死亡。没有产量，整株树死亡。

根据以上标准调查每株柑橘树的冻害等级，再根据一定面积的柑橘园内柑橘树的受冻情况，计算该柑橘园的冻害指数：

$$y=\frac{0a_0+1a_1+2a_2+3a_3+4a_4+5a_5}{5(a_0+a_1+a_2+a_3+a_4+a_5)}\times 100\%,$$

式中$0,1,2,\cdots$为冻害等级，0级最轻（未冻），5级最重；a_0，$a_1,a_2,\cdots,a_5$分别为各级冻害标准下受冻柑橘树的株数。如果冻害指数为0，表示该柑橘园柑橘树生长正常，没有受冻；冻害指数为100%，表示全部柑橘树受冻5级，冻害最严重。

47. 柑橘树受冻的气象指标是怎样的

影响柑橘冻害的因子很复杂，除了低温强度外，还与低温持续时间、低温出现时间、温度日较差、风速等有关，在自然条件下各因素是同时出现的。而且各类柑橘及同类柑橘的不同生育期的耐寒性不同，受冻害程度不同，其气象指标也不同。

但实际情况是低温强度和低温持续时间是造成柑橘冻害的主要因子。笔者曾收集到全国各地 24 907 株柑橘树受冻害资料及相应的气候资料,确定下列各类柑橘树越冬期受中度冻害的气象指标是:

金柑类(如金弹、罗浮等):日最低气温≤－10 ℃,或连续 2 天日最低气温≤－8 ℃;

耐寒性强的宽皮柑橘类(如温州蜜柑):日最低气温≤－9 ℃,或连续 2 天日最低气温≤－7 ℃;

耐寒性弱的宽皮柑橘类(如椪、椥柑):日最低气温≤－8 ℃,或连续 2 天日最低气温≤－6 ℃;

甜橙类(普通甜橙如广柑等):日最低气温≤－7 ℃,或连续 2 天日最低气温≤－5 ℃。

以上是受中度冻害的气象指标,如果将冻害程度分为轻冻、中冻和重冻三级,那么三级受冻的气象指标(日最低气温):金柑类分别是－8,－10 和－12 ℃;耐寒性强的宽皮橘类分别是－7,－9 和－11 ℃;耐寒性弱的宽皮橘类分别是－6,－8 和－10 ℃;甜橙类分别是－5,－7 和－9 ℃。

48. 柑橘树受冻害的天气类型是怎样的

由于我国特殊的地理环境,强冷空气可自北向南长驱直入,直至华南,造成柑橘树受冻。根据冷空气影响时的天气条件和柑橘树受冻情况,可归纳为以下三种不同的天气型。

第一,晴冷型。寒潮入侵后,一般先有 3～5 级偏北风,并伴有急剧降温,随之风力逐渐减弱最后趋于静稳,云层抬高消失,碧空如洗,夜间地面有效辐射甚烈而导致在短时间内大幅度降温(24 小时内降温 10 ℃,甚至 20 ℃),夜间有霜,造成柑橘冻害。我们称这种冻害为晴冷型冻害。湖南、湖北、浙江、江苏等地有"冻后霜,柑橘光"之说,则属于此。必须指明,这种类型冻害的实质是树体在经受低温之后,次晨日出,太阳辐射又直接使树体很快升温,温度的骤然变化,往往造成叶、枝、梢的细胞脱水而致死。这种类型的冻害甚至可危及主干。

第二,阴冷型。冷空气侵入我国南部地区时,遇上比较暖湿的气流,两种性质不同的气团交锋而产生云雨,而且维持数日,甚至十天半个月。这种情况虽然不致使气温降得很低,但阴雨连绵不绝,柑橘果树难以进行光合作用,体内储存的越冬物质因不断消耗而得不到补充,抗冻能力大为削弱,冻害严重,故称阴冷型冻害。如1968—1969年冬季,湖南衡东县柑橘遭受此种类型冻害,当年产量不到常年产量的十分之一。

第三,混合型。柑橘冻害一般是由晴冷和阴冷两种天气类型交替出现所造成的,这种冻害叫做混合型冻害。强冷空气抵达长江流域及其以南地区,先吹偏北大风,气温急降,并有雨雪(此期间的降温属平流降温),随后转晴,地表因有效辐射失热甚多,温度进一步下降(此期间的降温属辐射降温),所以这种混合型冻害对柑橘危害比较严重。

除以上分三种类型的划分方法外,也有人将柑橘受冻害的天气划分为五个类型,即:①晴天型冻害(简称晴冻,又叫急冻型或辐射型);②雪后霜型冻害;③阴冷型(雨淞型)冻害;④干冻型和湿冷型冻害;⑤复合型冻害。其中干冻型和湿冷型冻害主要是根据冬前土壤干湿状况来划分的,冬前土壤过分干燥和过分潮湿,都会明显削弱柑橘树的抗冻能力。

49. 我国历史上和近代柑橘受冻状况怎样

据有关文献及地方志记载,我国长江流域自宋代以来的近900年中,柑橘树被冻死或受冻的共有19次。其中太湖洞庭山,从宋政和元年(1111年)至清光绪二十九年(1903年)的近800年间,有严重冻害15次,平均50～60年1次,其中5次使柑橘树全部冻死,平均200年1次。至于一般冻损枝、叶的情况就很多了。

1949年以来,我国曾出现过范围大小不等的冻害6次,其中1954—1955,1968—1969,1976—1977年冬季的冻害范围大,受冻重,对生产影响较大。其余几次冻害,分布范围较小,局部地区受冻害。

经常发生柑橘树冻害的地区,主要是甘肃的武都,陕西的汉中、安康,河南的南阳、信阳,安徽的安庆、徽州,江苏的无锡、苏州,以及浙、赣、湘、鄂的偏北部局部地区。

 50. 柑橘树冻害对我国柑橘生产有哪些影响

柑橘受冻后,轻者叶片卷曲、脱落、枝梢枯萎,影响柑橘树正常生育;重者裂皮,甚至整株冻死。对于留树的越冬果实,冻后会大量落果,或严重干枯,失去经济价值。柑橘树受冻后,影响当年甚至以后几年产量。湖南省的柑橘生产,1949年以来三起三落,主要是由于冻害造成的。例如,1954—1955年冬季的冻害,使湖南省1955年的柑橘产量比1954年减产

55.1%,1968—1969 年的冻害减产 36.7%,1976—1977 年的冻害减产 70.6%。

冻害对浙江、湖北、安徽等省的柑橘生产影响也很大,例如:1954—1955 年冬,浙江橘区普遍受冻,多数冻至 1~2 级,少数 3~4 级,比上一年减产近 50%。1976—1977 年冬季,浙江橘区有 51% 的橘树受冻,3% 的橘树冻死。湖北柑橘主产区宜昌,受冻面积达 98.9%,1977 年产量仅为 1976 年的 31%,江苏 1977 年产量为 1976 年的 49.5%,安徽省相应为 1976 年的 61.7%。甘肃武都的最高产量(1974 年)曾达 40 万 kg,1976 年受冻,1977 年的产量只有 5 万 kg。

51. 为什么选择北面有高大山体的地段种植柑橘冻害较轻

高大的山脉(垂直高度在 1 000~2 000 m 或以上),不但可以改变或影响大规模气流的动力特性,也可以影响其两侧地区的热力状况,使山脉两边的天气与气候截然不同。一般地说,山脉的总体高度愈高,长度愈长,缺口愈少,与冬季风愈垂直,则隔阻作用愈大,对山脉两边的气候影响也愈显著,距离隔阻的山脉愈近其所受影响也愈大。例如东西走向的秦岭山脉,山脉高,走向长,缺口少,南北侧的气候完全不同,成为亚热带作物(如柑橘、茶树)分布的界限。

柑橘树对低温非常敏感,气温降到 −7,−9 和 −11 ℃ 以下,可能遭受不同程度的冻害。我国亚热带东部的生态因子基本上适合柑橘树生长,但冬季强冷空气南下,可使最低气温降低到 −10 ℃ 甚至以下,致使柑橘园受冻。不过,这一区域丘陵山地广布,地形复杂,海拔高度在 1 000 m 以上的东西向的高大山脉众多,例如秦岭、大巴山、大别山、括苍山等,它们对冬季风都有隔阻作用,因而使山脉的南面气候偏暖,可以栽培柑橘。例如,地处北纬33°附近的甘肃省武都县和陕西省汉中市,由于北部有秦岭山脉及其余脉阻挡冷空气,冬季温暖,是我国最北缘及西北缘的柑橘产区,而与它们处于同一纬度的河南省驻马店县及江苏省盱眙县等地,则几乎没有或极少有柑橘栽培。

高大山体(称种植地段的外围地形)对其南侧的柑橘种植地段冬季有保护作用,一般比同纬度其他地区的最低气温高4 ℃或以上。例如地处北纬30°附近的重庆市,北面有秦岭、大巴山阻挡冷空气,适宜宽皮柑橘和甜橙栽培,是我国柑橘主产区。而位于北纬30°附近的江西九江市和浙江杭州市,由于其北面无山体阻挡冷空气,容易发生柑橘冻害,因此很少有柑橘栽培。

52. 柑橘园周围的中、小外围地形对防御柑橘冻害有什么作用

中等高度(1 000 m以下)或低矮的(几百米)外围地形,虽不能改变大系统的天气过程,但对其南面柑橘种植地段的区域小气候及冻害都有影响。由于寒潮南下时一般盛行偏北风,因此如果柑橘种植地段的北面有良好的山体屏障,则可减弱平流,尤其是北、东、西三面都有山体环绕的马蹄形地形,能使北、东北或西北风均有减弱,使平流降温比较缓和。据笔者等1981年1月2—7日在浙江省海盐县澉浦乡观测,坐北朝南的马蹄形地形(山体相对高度为150 m左右)其山体南、北侧的气温相差3~4 ℃(在冬季平流期),因而使栽植在南坡的

柑橘冻害明显减轻(图1)。例如,1976—1977年冬季,我国长江中下游地区很多省(市)柑橘受严重冻害,由于受山体屏障的影响,使澉浦乡南北湖村的柑橘冻害比同纬度的杭州、萧山两地的冻害轻。北面无山体的杭州华家池最低气温为－14.9℃(笕桥机场记录),柑橘冻害指数达72.7%,萧山头蓬农场最低气温为－15℃,柑橘冻害指数为68.3%,而北、东、西有小山体保护的海盐南北湖村最低气温为－10.8℃,冻害指数仅48.3%,柑橘冻害明显减轻。

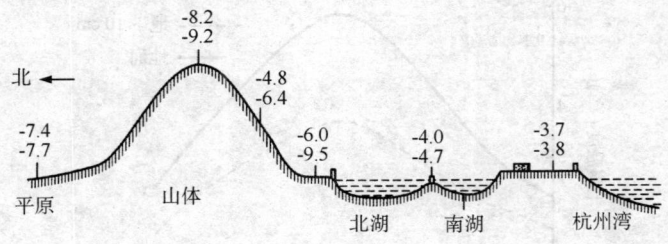

图1 浙江省海盐县一座马蹄形地形南北侧的空气温度(上)和
地面温度(下,℃)的分布(1981年1月3日05时)

53. 为什么选择南向斜坡地种植柑橘冻害较轻

小地形的不同方位(坡向和坡度),由于接受太阳辐射多少和日照长短不同,以及受到风的影响,其冬季温度状况也不同。坡地方位对温度的影响是随纬度的变化而变化的,一般纬度愈高,影响愈明显。同时与土壤、植被、天气条件等有关,土壤愈干燥,植被愈稀少,天气愈晴朗无风,离地面愈近,不同坡地方位之间的温度差异愈大。我国柑橘北缘地区,地处北纬29°~34°之间,冬季盛行偏北风,因此这个季节南坡比北坡温度高。

关于坡地方位对小气候的影响,作者曾观测过 0 cm 地面温度和地下 10 cm 土温与坡向的关系(图2)。因为白天南坡接受到的太阳辐射能多,下层土壤积存热量多,夜间冷却较慢,所以气温自北向南增高,地下 10 cm 土温南坡比北坡高 1 ℃左右,而地面温度南坡比北坡高 2 ℃以上。

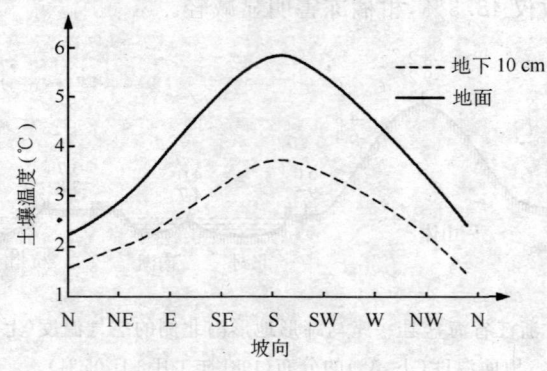

图2 土壤温度与坡向的关系
(1981年1月,3个晴天平均,浙江海盐)

由于不同方位的柑橘园冬季温度分布不同,因此柑橘受冻害的轻重也不一样。一般是北坡比南坡重,西坡和西北坡又比东坡和东南坡重。例如,浙江衢州市有一块柑橘园(品种椪柑),位于孤立小山丘上,相对高度 25 m,小山丘的西南面是高山,东面为平原,当地盛行东北风。柑橘树受冻程度以西南坡最轻,东北坡最重。在特殊的周围地形及受冻天气型下,上述规律可能发生变化。

54. 为什么斜坡地中部种植柑橘冻害较轻,而山谷低洼处种植柑橘冻害重

不同的地形形态(山谷、盆地、坡地和山顶),由于辐射、日照、通风和夜间冷空气径流排泄难易程度不同,因此冬季温度的状况有显著差异(图3)。一般来说,冬季晴天白昼,谷地的气温比山顶和坡地都高;夜间,谷地气温最低,山顶其次,坡地最高。在阴天,由于地面散热慢,冷径流沿坡地下滑的机会较少,同时谷地受周围地形影响,有效辐射小,因此谷地的气温与坡地很接近,而坡地的气温全天都高于山顶。

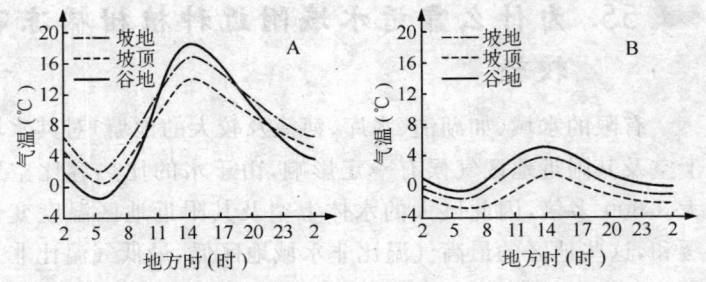

图3 不同地形形态下的气温日变化
(1984年冬季,2个晴天平均,浙江金华,A—晴天,B—阴天)

由于地形形态影响冬季温度(特别是最低温度)分布,因而对柑橘冻害影响也很大。在冬季辐射型天气条件下,坡顶和坡地上的冷径流向低洼处汇集,形成"冷空气湖",使柑橘冻害加重,例如1976—1977年冬季,浙江省兰溪县七里坪农场,位于谷地低洼处的柑橘树(温州蜜柑)受冻严重,普遍冻至嫁接部,多数为5级冻害,当年掘掉种植小麦;而斜坡地中部的

柑橘树受冻较轻,多数为1～2级冻害;小山顶由于风速较大,冻害中等,多数为2～3级(图4)。

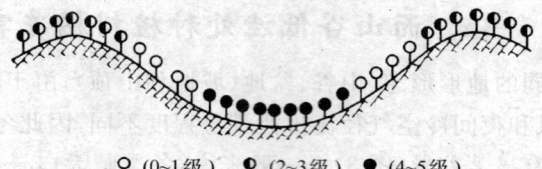

♀ (0~1级)　♀ (2~3级)　♀ (4~5级)

图4　浙江省兰溪七里坪农场橘园
1976—1977年受冻剖面示意图

55. 为什么靠近水域附近种植柑橘冻害较轻

有限的水域(如湖泊、水库、河流及较大的池塘)对其水域上空及其附近地区气候有一定影响,由于水的比热容比空气大3 000多倍,因此巨大的水体上空及其附近地区温度变化缓和,这些地区的最高气温比非水域地区低,最低气温比非水域地区高。例如,浙江省新安江水库建成后,与建库前比较,夏季极端最高气温有所降低,冬季极端最低气温有所升高,温度的日、年变化比较缓和;初霜出现时间推迟,终霜出现时间提早,无霜期延长;年降水量略有减少;空气湿度、蒸发量和风速增大;夏季热雷雨少,秋冬雾日多,结冰、下雪天减少。水域对气候的影响程度,与水体大小、深度、形状等有关,一般距水域愈近,水体愈大、愈深,对小气候影响愈大。

水域影响气候,进而影响柑橘树的冻害状况,例如,位于浙江省西部新安江水库周围的柑橘园,1976—1977年冬季柑橘受冻状况,在一定范围内随着离水库距离的增大,柑橘冻害指数也增大,即冻害有加重趋势。处于水库边上的果蔬试验场,极端最低气温仅-6.0℃,10年生的温州蜜柑基本上没有受冻,冻至2级以上的橘树只占调查总橘树的三分之一左右,其他柑橘品种也受冻较轻,冻害指数为28.4%。而离水库约5 km的溪口公社(现在称"乡")杨塘大队,水库的调节作用弱,温度较低,冻重害,冻害指数达58.7%,5年生的温州蜜柑冻至2~3级,冻至4级以上的占三分之一,个别柑橘树全株冻死,需掘掉重植,朱红橘普遍冻至3~4级,一般冻至3年生枝。

56. 防御柑橘树冻害有哪些方法

柑橘冻害对柑橘生产影响很大,是个世界难题,各地比较重视。防御柑橘冻害的方法很多,归纳起来可分为下列三类,在实践中要因地制宜选用,以求达到收效大、成本低的目的。

第一,小气候的利用和不利小气候地段的改良。在柑橘易冻区发展柑橘时,柑橘园要选择小气候良好的地段,在小气候不良地段或易冻地段,要种植柑橘防护林,以改善小气候。

第二,防御柑橘树冻害的农业方法。主要有:①培育和选用耐寒性强的种、品种或品系;②选择耐寒性强的砧木;③加强栽培管理水平,提高柑橘树抗寒力,如合理施肥、施用微量元素、控制晚秋梢、适时采果、及时防治病虫害等;④冻后及时采取补救措施。

第三,防御柑橘树冻害的物理学和化学方法。主要有:①覆盖法;②加热法;③熏烟法;④扇风法;⑤喷施化学药剂法;⑥泡沫法等。

57. 怎样选择无冻区或轻冻区栽培柑橘防御冻害

选择无冻区或轻冻区栽培柑橘,是防御柑橘冻害最有成效的方法,也就是说柑橘首先要适地适栽,根据当地的生态条件,栽培适宜的柑橘种类和品种。据研究,不同种类和品种的柑橘,耐寒力不同。如金柑类(如金弹、罗浮)受中度冻害的温度是 $-10\ ℃$,耐寒性强的宽皮柑橘(如温州蜜柑、本地早、南丰蜜橘等)是 $-9\ ℃$,耐寒性弱的宽皮柑橘(如椪柑、榠橘)是 $-8\ ℃$,普通甜橙类(如雪柑、建广)是 $-7\ ℃$。因此,根据一个地区多年观测到的气象资料及柑橘冻害发生的实际情况,进行柑橘避冻区划,可为发展柑橘生产、防御冻害提供依据。例如,作者曾统计分析过浙江省 40 多个气象站 20 年的气象资料,根据历年极端最低气温 -7,-9 和 $-11\ ℃$ 等温线及低于 -5,-7 和 $-9\ ℃$ 出现的几率大小,将该省划分为温州蜜柑无冻、轻冻、中冻、重冻 4 个一级避冻区;再根据低于 -5,-7 和 $-9\ ℃$ 低温出现几率大小及地形、冻害实际状况,划分 8 个二级避冻区。在规划柑橘生产时,选择无冻或轻冻区栽培,从而可以避免、减轻冻害。

58. 怎样选择小气候良好的小区栽培柑橘防御冻害

从大气候考察,有的柑橘种植区属于中度冻害的地区,但由于地形、水域对小气候条件的调节作用,可能属于轻冻区,甚至无冻区。因此在柑橘易冻地区,选择良好的小气候小区栽培柑橘,这是防御柑橘冻害成本低、效果好的方法之一。

柑橘园周围的地形情况,对柑橘园内的风速、日平均气温(在寒潮平流期)及日最低气温(在寒潮辐射期)都有明显影响,一般山体愈高大,橘园距山体越近,且山体连绵无缺口,则作用愈明显。因此选择北及东、西面有山体(即马蹄形地形)的地段栽培柑橘,可使冻害减轻。例如 1978—1979 年冬季,浙江省海盐县澉浦乡南湖村,北、东、西面为山,柑橘冻害指数为 18.2%,仅受轻冻;而同一个县的长川坝乡,由于北面无山体,冻害指数达 65.1%,属中冻或重冻。

在山区,利用逆温层栽培柑橘,也可减轻冻害损失。一般情况下,高度每升高 100 m,气温下降 0.6 ℃,而在冬季晴天的夜间和清晨,在山地的某一高度范围内,气温随山的高度增加而增高,这种情况,称为"逆温"。逆温层的高度大约位于该山地高度的五分之一到三分之一处,逆温强度为 1~2 ℃/100 m,以晴稳天气的清晨 5—8 时最明显,这个时候正是出现最低气温的时间,因此选择逆温层高度种植柑橘,也能减轻冻害。

在起伏不平的丘陵地,由于坡向、坡度不同,坡地上的日照、温度有很大差别,同一坡地的不同部位(如坡顶、坡中和坡脚),由于夜间冷径流的排泄难易不同,在辐射期的最低气温也完全不同。一般坡中温度最高,冻害最轻;而坡脚温度最低,冻害最重。因此,选择坐北朝南的小丘陵地中坡栽培柑橘,可减轻冻害。

水域(江、河、湖、海)对其小岛及岸边的小气候有着调节作用。利用水体调温原理种橘防冻,在我国有悠久历史。江苏省吴县洞庭山,利用太湖水体栽培柑橘,常年产量在 1.5 万 t 左右;上海市长兴岛前卫农场,利用长江口水体的调温作用栽培柑橘,近年产量均超过 250 t;浙江省宁波市利用东海的海岸气候栽培柑橘,柑橘产量已经达 2.5 万 t 以上。近几年来,浙江省的淳安、建德等地,利用新安江水库的调温作用栽培柑橘,也取得了明显成绩。

59. 为什么营造柑橘园防护林能防御冻害,效果怎样

在柑橘园周围或道路两旁种植树木,这些树木呈纵横交错的网格状分布,称为柑橘园防护林(图5)。防护林是改造柑橘园小气候的有效措施。据试验,在林带的向风面5倍林高处到背风面10倍林高处范围内,风速比没有防护林的对照减小30%以上,空气湿度提高2%～5%,使土壤和空气保持较为湿润状态。在冷平流南下时,可增温 0.4～2.0 ℃,因而在异常低温年份,可减轻冻害,促使柑橘树正常生长。此外,营造柑橘园防护林,还可增加林副产品,对恢复和维护自然生态平衡也有良好作用。

笔者等曾在浙江金华1983—1984年冬季试验,该年极端最低气温－7.7 ℃,日最低气温低于 0 ℃ 的连续天数较长,降雪和积雪时间比较多,还出现了雨凇、雾凇等不利天气,因此部分柑橘树受冻。据调查,防护林保护的柑橘园,其受冻程度较轻,多数为1～2级冻害,冻害指数为 38.0%;而无防护林保护的柑橘园冻害较重,多数为3级,冻害指数达 55.7%。由于防护林能够改善柑橘园小气候,使林带背风面5足龄的柑橘树的树高比无防护林的同龄树高8%～13%,树冠宽增大6%左右,当年产量也比无防护林的同龄树高。

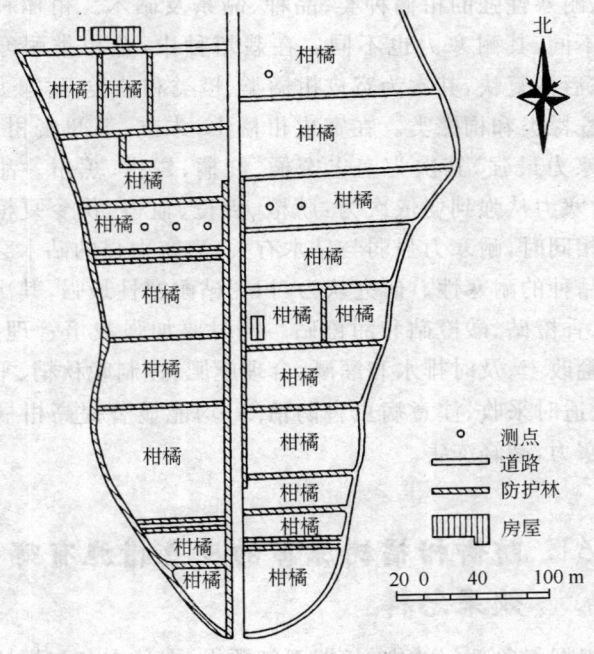

图 5　柑橘园位置及防护林分布

 ## 60. 哪些柑橘种类或品种耐寒性最强，冻害最轻

选择耐寒性强的品种，提高栽培管理水平，增强柑橘树的抗寒力，也是防御柑橘树冻害的有效方法。因为影响柑橘树受冻程度的内因，是柑橘树本身耐寒力的强弱。在冻害调查中发现，同一地区同一柑橘园，由于品种、栽培管理水平不同，其受冻程度也不同。因此，建立橘园前，就要选择好适合该地

区的、耐寒性强的柑橘种类、品种、品系及砧木。柑橘种类及品种不同,其耐寒力也不同。在栽培种中,金柑类耐寒力最强,冻后恢复快,其次为宽皮柑橘类、橙类和柚类,耐寒力最弱的是柠檬类和枸橼类。在宽皮柑橘中,朱红、温州蜜柑、本地早耐寒力最强,其次为南丰蜜橘、红橘、椪柑、蕉柑。甜橙类中,耐寒力从强到弱依次为:脐橙、锦橙、血橙、伏令夏橙。在品种相同时,耐寒力强弱与砧木有关,耐寒力强的砧木会增强接穗品种的耐寒性。研究认为,枳壳砧耐寒性最强,其次是枳橙砧、香橙砧、酸橙砧和甜橙砧。同时要加强栽培管理措施,如深翻改土、及时排水和灌溉、合理施肥、控制晚秋梢、平衡大小年、适时采收、注意病虫害防治等,均能显著提高柑橘树体的抗寒力,减轻冻害。

61. 防御柑橘树冻害的应急措施有哪些,效果怎样

根据气象部门的中、长期天气预报,在秋末冬初柑橘树越冬以前或期间,采取适当的保护措施,可以减轻冻害,如根颈培土、建立风障、覆盖(包括草帘围裹树冠,用草帘等搭三角棚,搭塑料棚或地面覆盖,用草帘等捆束幼龄树)、使用抑蒸保护剂等。据试验,只要这些措施用得合理适时,都有显著效果。根据笔者等试验,柑橘树根际培土(高 30 cm),使土墩内不同深度的土温与同一高度的气温比较,在夜间和早晨具有增温作用,增温幅度达 1.1~5.9 ℃,以晴天最显著。培土对防冻有一定作用,在出现 −8.4 ℃低温时,用干松土加薄膜覆盖的温州蜜柑树落叶率不到 50%,受冻 2 级,而未培土的对照柑橘树落叶率达 70%,受冻 3 级,对当年产量有一定影响

(表1)。另外,用风障围株防冻,可以减小障内风速,提高气温和土温,也可减少落叶率,保护晚秋梢,有良好的防冻效果,笔者等在浙江金华做过试验,已经得到验证。

表1 根际培土对柑橘冻害的影响

处理	落叶率(%)	一年生枝	冻害等级
干松土+薄膜	<50	顶端略有冻伤	2级
干松土	50~60	部分冻伤枯焦	3级
紧实土	60~70	部分冻伤枯焦	3级
对照	>70	冻伤枯焦较多	3级

62. 柑橘树受冻后应采取哪些挽救措施,减少损失的效果怎样

首先,柑橘树受冻后,为了使其较快地恢复,应及时采取各种挽救措施,如适量修剪或锯干、合理施肥、防治病虫、疏花疏果等。其中以适时、适量修剪或锯干最为重要。所谓"适时",就是应该在新梢萌芽,生死界限分明后,及时在新梢上部剪去枯枝或锯去枯干。"适量"就是指根据柑橘树本身的受冻程度进行修剪。一般是冻到哪个部位就锯到哪个部位,尽量保留未被冻枯的枝叶。

其次,冻后晴天,气温迅速上升,树体随之迅速解冻,叶片中水分大量散失,而地下根系活动缓慢,吸水能力弱,致使树体水分收支失去平衡,加重冻害。因此,冻后初晴日出时,对受冻树体喷水喷雾或用其他遮阴物覆盖树冠,对防止温度迅速上升、减少叶片水分蒸发、减轻冻害也有一定作用。

最后,柑橘树受冻后还应重视以下几方面工作,一是中耕

松土;二是施肥促发;三是防治病虫害,特别是要防治柑橘树脂病的发生和流行;四是做好疏花疏果工作,以促进新枝健壮生长。

六、柑橘树其他气象灾害及其防御方法

63. 什么叫寒风害,寒风对柑橘生产有什么影响

在我国柑橘北缘产区的冬季或早春,部分柑橘树常受到寒风侵袭,这时的温度没有达到冻害指标,但会引起叶片卷曲、落叶,受害轻的落叶率较小,引起树体营养不良,树势衰弱,产量降低;严重时落叶率可达30%～50%,甚至引起枯枝,对当年产量影响很大,这种因寒风引起柑橘树大量落叶的灾害称寒风害。

据研究,发生寒风害的临界风速为7 m/s,当风速小于7 m/s时,落叶率极低;当风速大于7 m/s时,落叶率随风速增大而迅速增大。但落叶率的增加还和温度有关,温度越低、风速越大则落叶率越大。据日本研究,当日最大风速小于8 m/s,和日平均气温高于10.8 ℃时,一天的落叶率只有1%左右,如果日最大风速为9 m/s(即增加1 m/s),要控制一天的落叶率小于1%,则日平均气温必须提高到12.5 ℃。换句话说,在临界风速以上,风速增加1 m/s,相当于日平均气温降低约2 ℃。柑橘寒风害与柑橘器官冻害没有直接关系,只是因植株叶面蒸腾与根系吸水不平衡所造成叶身与叶柄脱离的现象,其叶片常保持绿色直至脱落,这与由低温引起的冻害

不同。强风促使蒸腾加强,低温促使根系吸收水分减弱,即使土壤水分充足,也无法改变植株蒸腾与吸水不平衡的状态,因而造成寒风害。

64. 防御柑橘树寒风害有什么方法

在我国长江流域柑橘产区,出现寒风害的频率比冻害大,因此必须引起重视。根据寒风的特点,造成寒风害的主要气象因子是风速,因此防御寒风害的根本措施是选择冬季避风的地方建园,在山区宜选择西北风吹不到的地方,切忌在"风口"地段建园(图6)。另外,下列措施对防御寒风害均有效果:①营造防护林。实践证明防护林可使柑橘园内风速减低和增温增湿,对防御寒风害效果十分明显。②适当密植。一般种植密度适宜、树干较矮、树冠紧凑的树体具有较强的抗风

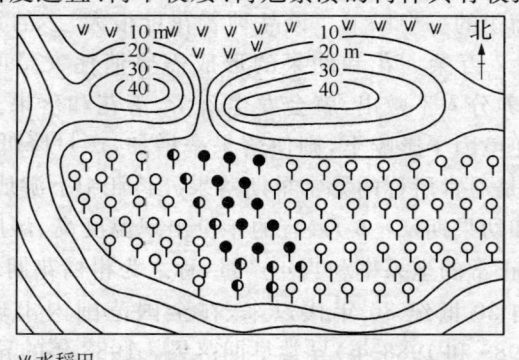

w 水稻田

柑橘冻害等级:♀(0~1级) ♀(2~3级) ●(4~5级)

图6 浙江省临海特产场位于"风口"处的柑橘
(温州蜜柑)1976—1977年冬季受冻情况

能力,因此适当密植、合理修剪整形也是减轻寒风害的防御措施。③树冠覆盖。浙江临海县特产场,在寒风容易侵袭的地段,每年11月下旬至翌年3月初,将每一植株上部的邻近大枝用稻草捆成一捆,每树4~5捆,可以避免因寒风害落叶。④培土和冬灌。树干基部培土,可以有效地减小土温降低的幅度并使土壤湿度适宜,既可以减轻冻害,也可以避免寒风害。⑤受寒风害后,应加强肥水管理和病虫害的防治工作,促进树势恢复。对树上挂果太多的柑橘树,要根据受害程度不同适当疏果,减轻树体负担。

65. 什么是柑橘花期幼果期旱热害,对生产有什么影响

温州蜜柑是我国柑橘的主栽品种,其栽培面积约占全国柑橘总面积的一半以上。该品种着花量很大,多的每株开花达3万~7万朵。花和幼果的形成需要消耗大量的树体营养,如果养分入不敷出,就会发生落蕾、落花和落果。在干热天气等逆境因子影响下,则使落果率增加,产量降低,甚至无收,这就是通常所称的异常早期落果。长江中下游地区,在柑橘花期和幼果期(5—6月)有的年份出现温度高、湿度低的天气,影响正常的坐果率和当年产量,称之为柑橘花期幼果期旱热害。自20世纪80年代以来,在全国范围内出现过三次(1981,1985和1988年)异常早期落果。1988年的异常落果,使全国柑橘总产量由1987年的322.4万t降低到1988年的256万t,下降幅度达20.6%。由此可见,柑橘花期幼果期旱热害,也是影响我国柑橘生产的重大气象灾害之一。

66. 怎样的气象条件会引起温州蜜柑异常早期落果

温州蜜柑从开花到果实成熟的发育过程中,除大风等机械作用或病虫等原因外引起的果实脱落现象,称生理落果。生理落果可分早期落果和后期落果两类,早期落果一般发生在开花后1~2个月的幼果期内。温州蜜柑早期落果的数量按时间先后呈双峰曲线分布,落果率在70%~95%之间,在逆境因子影响下,落果率可增至90%~100%。

温州蜜柑异常早期落果的发生比较复杂,它受多种因子的综合影响,这些因子包括植物学因子和气象学因子两类。前者包括品系和砧木、植株生长状况、树势强弱、有叶花和无叶花比例、花量多少、新叶和老叶多少、开花日期等。气象学因子除包括高温强度与高温持续时间外,还包括受害期间或受害前后的其他气象要素,如风向、风速、空气和土壤湿度、日照等。作者等曾收集了浙、湘、鄂、赣、沪等省(市)1981,1985和1988年初夏温州蜜柑异常早期落果资料和同期柑橘园附近气象站的气象资料,运用数理统计方法进行了气候分析。结果发现,当日平均气温高于25 ℃和日最高气温高于30 ℃时,第一次(谢花期前后)落花落果明显出现高峰期;当日平均气温高于28 ℃和日最高气温高于33 ℃时,则出现第二次(幼果期)落果高峰。由此认为,上述温度是发生异常早期落果的临界温度。当临界温度出现时,如果当天14时空气相对湿度小于70%和14时风速大于2 m/s,则加重危害。另外,如果连续3天出现日最高气温高于30 ℃(谢花期)或33 ℃(幼果期),即使其他气象因子正常,也会使落花落果明显增加,峰顶抬高。因为柑橘树花期抗高温能力比幼果期弱,所以温州蜜柑异常早期落果第一高峰期(谢花期前后)的气象指标是:连续3天日最高气温高于30℃(单因子);或日平均气温高于25℃,日最高气温高于30℃,14时相对湿度小于70%,14时风速大于2 m/s(多因子)。第二高峰期(幼果期)的气象指标是:连续3天日最高气温高于33℃(单因子);或日平均气温高于28℃,日最高气温高于33℃,14时相对湿度小于70%,14时风速大于3 m/s(多因子)。

67. 我国柑橘树花期幼果期的气候特点是怎样的,对异常落果有什么影响

长江中下游地区的温州蜜柑始花于4月底至5月上、中旬,早期生理落果大多发生在5月至7月上旬,以后基本不落。落果动态和落果率因品系和当年天气而异,在多数情况下第一高峰期出现在5月上、中旬,第二高峰期出现在6月至7月初。通常这个时期会出现连续阴雨天,日照不足,也会促使落果增加。而有的年份,副热带高压提前向北推进,长江流域处于副热带高压控制之下,天气晴热少雨,出现高温干旱,而且有时刮干热的偏南风,也促使落果增加。产生异常早期落果的原因,有连阴雨及高温干旱两种,但以后者更为突出。

多数学者认为,高温是引起异常早期落果的主要原因。5月异常高温出现得早、强度大,则会使落果第一高峰期提前和峰顶抬高。我国温州蜜柑产区5月最高气温历年平均在26~38℃之间,其等值线呈南北走向,岛屿上在26~31℃之间,近海岸线小于34℃,沿海地区由于受到海洋调节,低于35℃,其他地区在35~37℃之间。内陆偏北部,由于春季雨

水少,升温快,最高气温高于35 ℃。由此可见,我国温州蜜柑产区的大部分地区,其5月最高气温大于33 ℃,如果有其他气象条件配合,就有发生异常早期落果的可能。

6月的最高气温是形成温州蜜柑落果第二高峰期提前和峰顶抬高的主要原因。我国温州蜜柑产区6月最高气温介于32~40 ℃之间,等温线基本上呈南北走向,最高气温由沿海向内陆增加。上述最高气温出现时若再发生低湿和较大的风速天气,也会产生异常早期生理落果。

68. 为什么我国1981,1985和1988年柑橘异常落果非常严重,对柑橘生产有何影响

自20世纪80年代以来,我国温州蜜柑产区曾出现过3次高温干热天气,第一次发生在1981年6月中旬,第二次发生在1985年5月中旬,第三次则出现在1988年5月上旬。这3次高温天气的出现,使我国广大温州蜜柑产区产生了程度不同的异常落花、落果现象。但由于各地所处地理位置,特别是离海洋远近的不同,因而各地出现的高温强度及持续时间均不相同,例如位于长江口的上海长兴岛及浙江沿海的温州、黄岩等地,1981年6月中旬的最高气温均低于33 ℃,≥30 ℃天数少于3天;而位于浙江省内陆的金华、衢州、江山等地,其旬最高气温高于33 ℃,≥30 ℃天数各为5天,因而沿海及岛屿上的柑橘园出现异常早期落果较轻,而内陆地区落果较重。1985年5月中旬和1988年5月上旬出现的最高气温及其出现天数、分布规律基本上与上述相似。1988年是近30年来温州蜜柑出现异常落果最严重的一年,该年高温出现

早,持续时间长,同时还出现低湿及大风天气,因而使柑橘主产区的湘、鄂、赣、浙、桂、川等省(区)不同程度减产,减产幅度在 16%～64% 之间,有的县减产幅度达 70% 以上,而位于沿海的上海市,该年柑橘不但没有减产,反而比上年增产 26%。

69. 怎样进行高温害气候区划,怎样选择无或轻度高温危害区栽培柑橘

为了合理利用气候资源,趋利避害,进行花期、幼果期高温害气候区划对生产有一定意义。区划的目的,首先是为了因地制宜、充分合理地利用各地的气候资源,选择相对高温害轻的区域栽培柑橘,为制定生产规划、确定生产基地、合理布局品种提供科学依据;其次,对已种植柑橘的地区,通过区划揭示该地高温害的严重程度,则可因地制宜地采取各种农业技术措施,避免或减轻不利气候造成的损失,促使柑橘高产、稳产、优质和低耗。

区划的原则是根据各地花期、幼果期生态气候的类似性,以高温强度及其出现天数为划分的主要依据。根据 30 多年来的高温强度、高温天数分布特点及实际状况,将全国划分为 3 个区:第一区为无高温危害区,第二区为轻度危害区,第三区为重度危害区。第二区和第三区的界限是根据最高气温 36 ℃(5 月)或 37.5 ℃(6 月)等温线,再参考高温受害实际状况及地形条件而确定的。

高温无危害区位于沿海岛屿、南岭山脉海拔 400～700 m 层域及其他亚热带丘陵山地,属中亚热带湿润季风气候,气候条件有利于正常开花结果。轻度危害区分布在东南沿海及贵州高原,一般每隔 10～20 年才可能出现一次早期异常落花落

果,程度较轻。高度危害区分布在我国内陆平原、谷地和低丘陵地区,平均 10 年就有可能出现 1~2 次早期异常落果危害,有的年份危害严重,可使产量减产三成以上。从本区划结果看,提倡在我国沿海地区及内陆丘陵山地一定高度的山坡地栽培温州蜜柑,同时还应采取相应的农业技术措施,改造柑橘园生态环境,以减轻高温危害。

70. 高温干旱对柑橘果实膨大有什么影响,怎样防御

柑橘果实膨大需要适宜的气象条件,其中温度和水分最为重要。20~25 ℃是柑橘果实膨大的最适温度范围。柑橘树生理活动的最高温度是 37 ℃,超过 37 ℃生理活动处于抑制状态,枝叶、果实和根系都将停止生长。在果实膨大期需水量相当大,每月需 120~170 mm,在果实形成和膨大期 5 个月(6—10 月)内约需降水量 800 mm。而我国广大柑橘产区 6—10 月的降水量虽然超过这个数字,但这个时期温度高,蒸发大,而且降水量的月际、年际变化大,分配不均匀,有时需水量大于降水量,因而影响果实正常膨大,从而影响产量。

在我国柑橘产区伏旱是经常发生的,如果土壤湿度低于 14%,果实停止膨大生长,叶片将果实中的水分夺去用于蒸腾作用,果实不但不长大反而要收缩。如果土壤含水量继续降低,根部细胞内的水分也会被叶片夺去蒸腾掉致使根群枯死。此时期如果连续 20 天不下雨,就会引起严重缺水现象。

防御柑橘高温干旱的途径主要有:①选栽抗旱抗热性强的品种、品系和砧木,合理栽培,增强树势;②提高截留降水的能力,如营造防护林,搞好水土保持工作,深翻压绿,深沟高

畦,生草覆草,注意雨季蓄水、冬季积雪等;③减少蒸发和蒸腾,如雨后中耕、覆盖培土,旱季除草割草、喷施抑蒸保湿剂等;④合理灌溉,提高水分利用率和效益,如采用滴灌、喷灌、草把穴灌及按需适量灌溉等。

71. 大雪对柑橘有什么危害,怎样防御

冬季大雪对柑橘的危害有两方面,一是树冠积雪过多,压断柑橘枝条造成灾害。据记载,1961年2月15日,浙江衢县、黄岩、临海等柑橘种植区突然降大雪,压断大量柑橘枝条造成重灾,黄岩损失10%~15%,衢县损失40%。一般迎风面雪厚,雪害重;树干短、树冠开张度大的受害亦重;枝叶密、枝梢长、枝群多的受害最重。其次是大雪后,长期低温,雪水在树冠枝叶上冻结形成冰冻。地面积雪厚,地热不能向上输送,晴天融雪时又消耗大量的热,使雪面温度比裸地低5~7℃,同时低温维持时间很长,加重了柑橘的辐射型冻害,严重时还可能造成毁灭性的灾害。

雪灾的预防措施主要有:①大雪时尽快及时摇落树上积雪,避免枝干断裂和雪水在枝干上融冻交替造成冻害。但是地面积雪不必过早清除,因为在出现辐射降温之前的阴冷天气期间,雪层对树基部及根系有保护作用。当天气转晴,在辐射降温出现之前,应及时清除树冠下的积雪以减轻辐射型霜冻的危害。②及时处理断裂枝干,对完全折断的枝干应及早锯断削平伤口,涂以保护剂,以防止腐烂。对已撕裂未断的枝干,不宜轻易锯掉,宜先用绳索或支柱撑起,使其恢复原状,再在受伤处涂蜡、鲜牛粪、黄泥浆等,促其愈合恢复生长。③整理树冠。积雪严重的植株,对未受害的枝叶应尽量从轻修剪;

对已撕裂而加强捆绑的枝干,依伤势轻重可加重修剪,以减少养分和水分的消耗,避免干枯;对断枝断口下方抽生的新梢,应适当保留,以便更新。④加强雪后栽培管理工作。雪害后,树体衰弱,应及时施肥恢复树势。同时,树体伤口易引起病虫害,特别是树脂病、爆皮虫等,应注意及时防治。⑤进行高接或补植。对折断的年轻植株,如品种不良者,可高接换种,对无法更新的衰老树,应挖去补植新株。

72. 大风对柑橘有什么危害,怎样防御

风力大到足以使柑橘树生长发育和产量品质受到严重影响的风,称之为大风害。气象部门以 6 级以上的风为发布大风的标准,风速为 10 m/s(相当于 6 级)的风力可以造成柑橘树不同程度受害。大风包括寒潮大风、台风、龙卷风及雷雨大风等,其地面风力都在 6 级以上,最大者可达 12 级。一般来说,风速达到 20 m/s 可使柑橘树折枝和全树倾倒。大风折断的枝干的伤口容易诱发病虫害使伤口处腐烂。树体倾倒后,被拉断的主根失去作用后,再生的新根即使经过几年的恢复也不及原来的主根。8 级(20 m/s)以下大风,虽然不会造成较重的机械损伤,但大风使同化作用显著降低,对果实膨大造成间接影响,同时,大风会使某些病虫蔓延,延误喷药,助长病虫发生,影响枝叶和果实生长发育。

大风的防御措施主要有:首先是营造防护林。据测定,当防护林的疏透度为 10% 时,距防护林的距离为林高的 10 倍处(背风面,下同)可使风速减弱 80%,20 倍处减弱 60%,30 倍处减弱 50%,40 倍处减弱 40%。因此即使 10 m/s 的大风,在防护范围内也只有 2~6 m/s。防护林对防御大风效果

最好。其次是要加强风害后的管理。遭受台风、暴风等强风危害的植株应根据具体情况处理折断枝,并加强肥水管理和病虫害防治,促进树势恢复。对于被吹倒或倾斜的树,不能急于扶正,这样容易伤根致使整株枯死或大量落叶,应先把根颈部的土挖开,慢慢扶正,并设支柱支撑树体,用肥土及草木灰之类培土。被摇动了的柑橘树,往往当时仅是叶片微卷或转绿时叶片呈现花斑,但到了秋冬季,容易受冻,大量落叶,应加强根系的肥水管理,促发新根。如果树上挂果较多,则应依受害程度不同适当疏果,减轻树体负担。

七、柑橘园小气候及其利用

73. 什么是柑橘园小气候,是怎样形成的

由于局部的下垫面(如坡度、坡向、植被、土壤等)性质不一致,所形成的贴地空气层的气候,称为小气候(或称微气候、微气象)。小气候反映了贴地气层中光、热、水和风的综合状况,其特点是各气象要素随时间和空间不同,变化十分剧烈,例如温度在数十厘米高度内可相差几摄氏度或更多。

在柑橘园中,从地面到树冠顶部的贴地层和土壤耕作层的气候,称为柑橘园小气候。柑橘园小气候是小气候的一种类型,正确地了解和考虑果园小气候特点,对提高果园栽培管理水平和柑橘产量,具有一定的意义。

小气候的形成,主要决定于热量收入与支出的情况。为了讨论果园中热量的收支,要引入活动面和活动层的概念。所谓活动面就是指土壤、植物及其他任何物体的表面。对柑

橘树来说,柑橘园中茎、叶掺杂,高低不一,活动面不是一个单一的物质面,而是由茎叶和空气杂层构成的物质层,所以叫活动层,在这个物质层上,以辐射形式吸收、放出能量,并以水分转变(蒸发与凝结)、湍流交换等形式进行热量交换,从而调节邻近空气和土壤耕作层的温湿状况,形成独特的柑橘园小气候。

74. 柑橘园小气候的一般特征是怎样的,对柑橘生产有什么影响

第一,柑橘园内的光强比裸地弱,其减弱程度与柑橘树密度有关,树冠内的光强由树冠外缘向中心逐渐减小。树冠外层的光强约为外缘的50%~70%,基本上能满足光合作用需要,果实大部分着生在这里;树冠中层的光强为外缘的30%~50%,已不能满足树体光合作用需要,所以果实小,数量较少,着色差;树冠中心的光强为外缘的10%~30%,光照不足,叶片少,生长不良。第二,柑橘树冠表面,在夏季及白天出现最高温度,冬季及夜间出现最低温度,树冠层的温度日变幅大于裸地。如果最高温度或最低温度超过一定的温度界限,则对柑橘生育不利,容易引起"高温害"或"冻害",应采取相应措施加以防护。第三,柑橘园树冠层内的空气湿度较大,尤其是密植园,在清晨和夜间树冠层空气湿度几乎接近饱和状态,有利于病虫的繁殖、传播,应及时打药防治。第四,密植橘园内株间及树冠内部风速微弱,基本上呈静止状态,不利于水汽输送和CO_2交换,对柑橘正常生育及光合作用不利,需采取相应的农业技术措施加以改进。

75. 不同密度的柑橘园小气候特点是怎样的,为什么要合理密植

在稀植园内,8时30分到15时30分,太阳辐射大致与裸露地相同;在8时30分以前和15时30分以后,由于斜射光线大部分被遮蔽,因此柑橘园内的太阳辐射小于裸地。在密植园中,由于枝叶遮蔽光线,因此能接受直射光线的时间只有2个多小时,即从10时30分到13时左右。假设稀植园中一天内接受的太阳辐射量为1.0,那么密植园则为0.63左右。

太阳辐射量不同,就直接或间接地通过气温等要素影响柑橘树的生长发育,从而影响柑橘的产量和品质。不同密度柑橘园株间空地上的最低气温一般出现在清晨5时左右。这时温度的垂直分布是:在离地表1 m高度以内,以株间空间最低,其次是稀植园树冠内,而以密植园的树冠内最高;在1.5 m高处三者气温比较一致;在离地表2 m高处则与1 m高度以内完全相反。上午8时左右的温度垂直分布属"过渡型",稀植园比密植园温度上升快。14时左右的温度属"受热型"。密植园中树冠上面的气温最高,下部树冠内比较低,而在树冠下部至地表面之间又出现一个温度高峰。稀植园中,一部分太阳光照射到树冠上,一部分直接照射到地面,所以受热面是树冠表面和土壤表面。不同密度柑橘园、不同土壤深度的土温日变化虽然有着相同式样,但白昼密植园各个深度的土温比稀植园低,而且地温日较差较小。土温垂直分布,在08—20时之间属于受热型,即深度越深温度越低,而20时后至日出前属放热型,即土温随深度而增加。在夜间,两类柑橘

园的空气相对湿度都很大,接近饱和状态,从后半夜起到早晨,树冠表面有结露现象;日出后,随着气温的上升,空气相对湿度逐渐降低,其中稀植园降低速度比密植园快;12时以后,两类柑橘园的空气相对湿度又逐渐增大。白天,密植园的湿度比稀植园高,有利于病虫的繁殖、传播和活动。不论是密植园还是稀植园,在树冠下不同深度的土壤含水量都变化不大,但密植园比稀植园土壤含水量较低。在株间空地的土壤含水量,两园都随着深度的增加而增大,密植园比稀植园的土壤含水量低,这是因为密植园树冠覆盖大,蒸腾作用强,消耗水分较多的关系。

为提高柑橘树的光合强度和光能利用率,减轻气象灾害和病虫害,柑橘园必须合理密植,并通过修剪等措施改善柑橘园小气候条件。

76. 温州蜜柑树冠小气候特点是怎样的

温州蜜柑是我国柑橘的主栽品种,产量高,品质好,耐寒性强,在我国长江中下游地区栽培面积大。温州蜜柑树冠呈扁球形,其树冠内相对光强(树冠内某一高度的光强与裸地同高度的光强之比),由树冠外围到内膛,由顶部到下部逐渐降低,树冠顶部达90%,下部内膛小于30%(图7)。由图7可见,相对光强的等值线,在东西剖面树冠对称通过,光强高中心上午偏向东侧,下午偏向西侧,南侧光强大于北侧,这是因为测点位于北回归线以北,太阳从南方照来,上午太阳偏向东方,下午则偏向西方之故。

叶温主要受辐射、风速和蒸腾的影响。在风速微弱条件下,树冠内叶温的分布与相对光强的分布相似(图8)。在中

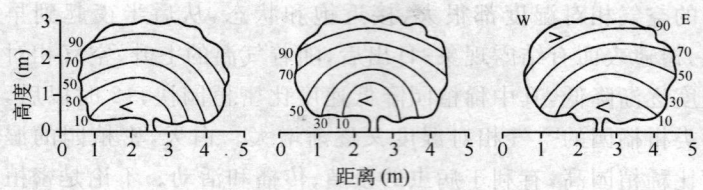

图7 温州蜜柑树冠内相对光强(%)的分布
(1987年5月12日,晴,浙江龙游)
左—9:00 中—12:00 右—15:00

午前后,树冠表面增热,因此树冠上部温度较高,下部温度较低,等温线自上至下有规律地降低,东、西侧对称。09时暖中心偏向树冠东侧,15时反之,暖中心位于树冠西侧。

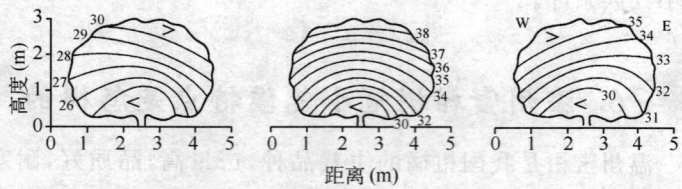

图8 温州蜜柑树冠内叶温(℃)的分布
(1987年5月12日,晴,浙江龙游)
左—9:00 中—12:00 右—15:00

树冠中风速的分布,主要决定于树冠内叶片的分布、自然风速的大小和风向。据测定,自然风速在大于3 m/s状况下,树冠内的风速由树冠外围到中心迅速降低,风速的高中心偏向迎风面的树冠外围(图9)。自然风速较小时,树冠内外差异较小。不论自然风速大小,树冠中心基本上呈准静风状态。

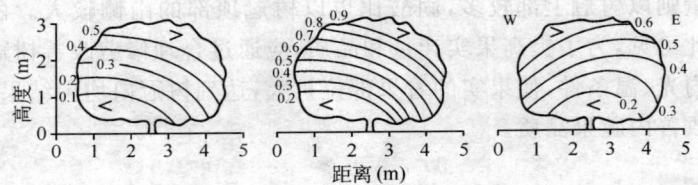

图 9 温州蜜柑树冠内风速(m/s)的分布

(1987年5月12日,晴,上午及中午偏东北风,下午偏西风)

左—9:00 中—12:00 右—15:00

77. 树冠不同方位和部位对柑橘产量和品质有什么影响

树冠不同部位,由于光、温等小气候条件的差异,明显影响果实的正常生育。如果将整个树冠分成外围、中层、内膛三部分,各部分的结果数和单果重有明显差别。一般大果和中果主要集中在树冠外围,占全树 82% 的果实集中在树冠外围,中层只占 16%,而内膛只有 2%。单果重也以树冠外围较重。很明显,上述分布特点除决定于温州蜜柑本身的结果习性外,主要与树冠内的小气候因子分布有关。

树冠的不同方位,由于小气候因子分布差异,显著影响果实的外观特征,一般果实的纵横径和单果重,以南侧和上部较大,内膛和北侧较小,东、西侧在上述两者之间。着色也以上部的南侧较好,内膛较差。但南侧和上部,果皮粗厚的果实较多,可食率较小。

树冠的方位及部位,不仅影响果实的外观特征,而且也影响果实的化学成分。一般果实的可溶性固形物以树冠上部和南侧较高,可滴定酸则以树冠北侧和内膛较高,维生素 C 含量则以树冠上部较多,固酸比也以树冠顶部的南侧较大。由此可见,为了提高果实产量和品质,应通过合理修剪改善树冠内光、温条件,使果实的着果部位扩大,达到树冠内均匀结果,改善内膛果品质。

78. 椪柑树树冠小气候特点是怎样的

椪柑也是柑橘良种,在中亚热带及其以南地区栽培较多,其树冠形状与温州蜜柑不同,呈扇形,上宽下窄,树冠纵径大于横径,因此其小气候、着果分布与温州蜜柑不同。据作者等测定,椪柑树冠内相对光强分布,从上部到下部,由外围到中心显著降低。树冠顶部和外围达90%左右,下部和中心仅30%。相对光强的等值线,正午由冠顶向东西或南北侧对称通过,光强高中心上午偏向东侧,下午偏向西侧。阴天和雨天树冠内相对光强分布与晴天基本相似,但树冠内外差异不及晴天明显。树冠南侧光强大于北侧,相对光强的分布树冠东西剖面比南北剖面明显。

在直射光下,一般叶温比气温高2~5℃,个别可达10℃。阴天或叶片荫蔽时,叶温与气温接近,由荫蔽到日光暴晒,叶温很快上升,几秒钟内可升高10℃。雨后放晴叶温低于气温。夜间或清晨,叶温也低于气温。树冠内叶温的分布与相对光强的分布相似,即由冠顶到下部,由外围到内膛降低。正午前后,树冠上部温度较高,形成暖中心,下部温度较低。上午9时,暖中心偏向树冠东部,下午15时,暖中心偏向树冠西部。叶温分布晴天比阴天和雨天差异显著,但基本规律相似。树冠南侧叶温一般比北侧高1~2℃。东西剖面树冠内叶温等值线比较对称,南北剖面树冠内叶温等值线呈不对称分布,南侧明显高于北侧。

树冠中风速的分布决定于叶片的分布、自然风速的大小及风向,与云量(天空状况)无关。据测定,冠内风速由外围到内膛逐步减小,风速高中心在迎风侧的外围,低中心在树冠中心偏背风侧。由于不同时间风向不同,因而风速高中心的位置也不同,而树冠中心几乎为静风处,迎风侧风速大于背风侧。

79. 树冠不同方位和部位对椪柑产量和品质有什么影响,怎样提高单株果品产量和品质

树冠小气候对果实产量和品质有很大影响,将树冠分为外围、中层和内膛三个部位,则椪柑树冠外围产量占单株产量的77.5%,中层占15.5%,内膛仅占7%;单果重也以外围最大,中层其次,内膛最小,大果和中果主要集中在树冠外围和中层。很显然这与椪柑的结果习性有关,同时也与树冠外围光照充足、叶片能正常进行光合作用有密切关系。果实大小及单果重均以树冠上部及南侧较大,东、西侧其次,北侧和内膛较小。着色也以上部和南侧最好,果实橙黄色面积达三分之一左右,橙黄和浅黄的面积之和在80%以上;北侧和内膛绿色面积占一半或一半以上;东、西侧在南侧和北侧之间,西侧着色略优于东侧。由于树冠顶部与南侧光照强,因而果皮较粗,粗果占三分之一以上,而北侧和内膛细果约占70%。同样道理,树冠顶部及南侧的果实,皮较厚,平均达3 mm,而内膛果只有2.1 mm。可食率差异不明显,内膛果由于果皮薄,可食率可达79.6%。

树冠方位和部位不仅影响果实外观特征,而且影响内质。可溶性固形物含量,以树冠上部及南侧最高,北侧和内膛较低,东、西侧居中;可滴定酸则以北侧和内膛最高,其他方位差异不大;糖酸比则以树冠上部及南侧最高,西侧和东侧其次,北侧和内膛最小;维生素 C 的含量也以南侧和树冠顶部最高。

根据上述小气候特征及单株果实和品质的分布特点,我们可以采取农业技术措施,如合理修剪树冠内枝梢分布、选择丘陵地向南斜地建园等,提高单株产量和品质。

80. 柑橘防护林的小气候特点是怎样的,对防御气象灾害有什么作用

在柑橘园周围及路边种植纵横交错的常绿林,形成防护林带,对柑橘园小气候有很大影响,最明显的是减小园内风速,但这在不同天气下略有不同。据笔者等测定,不论是晴天或冷平流影响天气,一般在林带迎风面 $10H$(这里 H 为林高,$10H$ 即林高 10 倍处,下同)前后,风速开始减弱,最小风速出现在林带背风面 $0\sim10H$ 之间,远离林带,风速又逐渐加大,到一定距离(约 $25H$ 处)后,就恢复到无林带保护的风速。橘园防护林减弱风速的效应,在冷锋过境天气比晴稳天气明显。林带的防风效应大小,与林带结构、林高及林带与盛行风向交角等有关。一般疏透结构林带防风效应最好;林木越高,防风范围越大;防护林与盛行风向越垂直,风速减弱也愈明显。上海市前卫农场柑橘园防护林有三种树种的林带,即单一水杉林带,单一珊瑚林带和水杉、珊瑚、小竹混合林带。由于水杉树冬季落叶、珊瑚林密度过大,均影响防风效应,而只有水杉、珊瑚和小竹混合的林带防护效应最好。

林带对柑橘园网格内温度的影响,总的来说是不大的,主要看引起增温与降温作用的主导因素是什么,而它们又决定于林带结构、网格大小、网格内水分状况、果园坡度及果树生育状况等。在辐射型天气条件下,由于林带削弱了果园内近地层湍流交换作用,因而使林带保护下的柑橘园,白天温度比无防护林的柑橘园高,夜间稍低。但是,有一定坡度的缓坡柑橘园内,由于在平流期防护林能减弱风速,而辐射期冷径流排泄也畅通,没有冷空气沉积,因此日平均气温和土壤温度,都是背风面高于迎风面,迎风面高于无防护林的柑橘园。

在防护林保护下,柑橘园内的风速和湍流作用减弱,土壤蒸发减少,被蒸发出来的水汽比较容易保持在柑橘园内。所以有防护林的柑橘园的空气湿度比对照高 5%～10%,而蒸发量则在冬季每天可减少 1.0～1.2 mm。因此,防护林对防御气象灾害、减轻水土流失都有作用。据试验,一般可以减轻冻害 1～2 级,即重冻变中冻,中冻变轻冻。

81. 营造柑橘园防护林对促进柑橘树生长和提高产量有什么好处

在我国柑橘栽培北缘地区,冬季柑橘伤害可分冻害和寒风害两类。前者是温度降低到柑橘临界温度以下引起的伤害;后者主要发生在寒风侵袭时,其温度在临界温度以上,由于生理失水而引起柑橘树严重落叶,造成减产和树势减弱。因柑橘园防护林的最大气象效应是减小风速,因此其对减轻柑橘树寒风害和冻害有明显作用,一般落叶率比无防护林的柑橘园减小 10%～15%,冻害指数减小 6%～26%。营造防护林后,改善了柑橘园小气候,减轻寒风害和冻害,这为柑橘树正常生育创造了良好条件,因而有防护林的柑橘园,其柑橘树生长旺盛,长势好,树冠有效容积大。据作者等在浙江省金华市施村柑橘园调查,5年生的晚熟系温州蜜柑,在防护林背风面的柑橘园,比迎风面的柑橘园及无防护林的柑橘园的柑橘树生长良好,一般树高增加10%～30%,树冠直径增加6%～30%。由于防护林的保护,柑橘园生态条件有了改善,柑橘产量提高,一般柑橘产量提高10%～20%,这在遭受气象灾害严重的年份特别明显,在正常年份也可提高柑橘产量5%～10%。

82. 柑橘树风障围株的小气候特点是怎样的,对防御冻害和寒风害有什么作用

所谓风障围株就是用玉米秆等编织成的高约2 m、长约2.5 m(依树冠高低与大小而定)的临时性风障。风障围在每株柑橘树的迎风面,呈半圆形布置,离主干约1 m,另一半圆不围。风障略倾斜,用小竹竿撑住固定。在冬季北方强冷空气南下时,风障围株对减弱风速具有明显作用。据笔者等测定,当自然风速为2 m/s时,障内风速仅为自然风速的20%～60%,平均为50%左右。孔隙度10%的风障比30%的风障减弱风速作用更明显,而离地面20 cm高处比离地面150 cm高处减弱风速大。

由于风障围株减弱了风速,因而对提高土温与气温也有作用。据测定,在风障保护范围内的地表0 cm和地下10 cm深处土温可提高0.2～1.5 ℃,其中地表温度平均提高0.7 ℃左右,地下10 cm土温平均提高0.9 ℃。因空气是流体,所以气温的增温作用不及土温明显,在离地面20 cm、冠层100 cm

和 150 cm 高处与无风障相应高度比较,仅提高气温 0.2～1.1 ℃,日平均气温仅提高 0.2～0.4 ℃,其中风障的孔隙度不同,对土温和气温的增温效应也略有不同,一般孔隙度小的风障比孔隙度大的风障增温明显。

由于风障围株减缓了风速,提高了土温与气温,因而对减轻柑橘树冻害有良好作用。在冬季,一定的低温及干燥的西北风,往往首先使柑橘树地上部分受冻,叶片枯焦脱落,晚秋梢受害。而风障围株在这样轻冻的年份中防御柑橘树地上部分受冻的作用非常明显。据笔者测定,1980 年 2 月浙江金华极端最低气温为 -8.4 ℃,致使未采取防冻措施的温州蜜柑的落叶率在 60% 以上,晚秋梢部分冻伤,对当年产量影响较大,为 3 级冻害。但有风障围株保护的柑橘树,其落叶率在 15%～20% 之间,树上保存的叶片叶色深绿,叶态挺拔舒展,晚秋梢除少数顶端略有枯焦外,基本上未受害,对当年产量几乎没有影响,为 1 级冻害。

83. 柑橘树根际培土的小气候特点是怎样的,对防御柑橘树冻害有何作用

在我国长江中下游柑橘产区,农民有培土习惯,一般 12 月上旬,在柑橘树根际培高 30 cm、底部直径 100 cm、呈半圆形的土墩,有的还在土墩表面覆盖塑料薄膜。据笔者等测定,冬季在柑橘树根际培土后,在土墩内不同深度的土温与同一高度未培土的气温比较,在夜间和早晨具有增温作用,其增温幅度在 1.1～5.9 ℃ 之间,白天略有降温,因而使土温日较差减小,而这种增温(夜间)、降温(白昼)效应在一定深度范围内,离土墩表面愈深,其效应愈明显,例如离墩面 30 cm 深处

比 10 cm 深处明显。但土墩表面的温度与未培土的同一高度（离地面 30 cm）的气温比较，白昼温度高，夜间温度低，温度日变化大。

在培土方法中以干松土加塑料薄膜覆盖效果最好，例如在墩面以下 20 和 30 cm 深处，夜间提高温度 3.8～6.9 ℃，日平均温度提高 1.9～2.7 ℃；干松土其次，夜间增温 2.5～5.9 ℃，日平均温度提高 0.6～1.5 ℃；潮湿土增温效果最差，夜间提高 2.0～5.7 ℃，日平均温度仅提高 0.1～1.1 ℃。培土的增温效应在不同的天气条件下不同。晴天最显著，在 20 cm 深处可提高 5.0 ℃ 以上，在 30 cm 深处可提高 2.5～4.3 ℃。阴天增温效应比晴天差，30 cm 深处增温 2.5 ℃，下雪天仅增温 2.0 ℃。

培土对防御柑橘树冻害有一定作用，如干松土加薄膜覆盖在出现 -8.4 ℃ 低温时，温州蜜柑的落叶率不到 50%，一年生枝顶端略有冻伤，对产量影响不大，受冻为 2 级。而未培土的柑橘树，其落叶率大于 70%，一年生枝冻伤干枯较多，对当年产量影响较大，受冻为 3 级。

84. 柑橘园地膜覆盖对土温和柑橘树生育有什么影响

秋末冬初在柑橘园土壤表面覆盖不同颜色的聚乙烯农用薄膜，可以提高土壤表面及地下温度。据笔者等试验，不论是地表、地下 5 cm、地下 20 cm 深处的温度，都比无覆盖的对照地高。其中以绿色地膜的温度最高，无色和银灰色地膜的温度其次，黑色地膜的温度较低，无覆盖的裸露地土壤温度最低。最高的小区与最低的小区一般相差 1～3 ℃。从温度的日较差来看,有地膜覆盖的土壤与无覆盖土壤比较,其温度日较差大小差异不是很大,这是因为地膜覆盖下,午后升温虽然比无覆盖地快,但是早晨冷却比较慢,因而温度日较差与不覆盖的裸露地相差不大。不过,不同颜色地膜覆盖其温度日较差大小略有不同,一般在无色、绿色地膜覆盖下的土温比银灰色、黑色地膜覆盖下的土温日较差大。

柑橘园冬季进行地膜覆盖后,可提高地表和土壤温度,减小土壤水分蒸发,因而对减轻柑橘冻害有一定作用。冬季在柑橘园内覆盖的地膜,一般在春季仍然保持良好,因此地膜覆盖的柑橘园,不但冬季温度比对照高,而且春季升温快,使柑橘树发芽早,生长期延长,促进树体生长发育。据测定,地膜覆盖后的柑橘树与无覆盖地比较,主干直径、树高和树冠宽度增加,一般树干直径增加5%,树冠宽度增加4%~10%,树高增加2%~7%。柑橘园覆盖地膜后,促使坐果和果实增大,提高产量10%左右。

85. 喷灌对柑橘园小气候有什么影响,对防御干旱有什么作用

我国主要柑橘产区,在7—8月份,经常晴热少雨,对柑橘果实膨大影响很大,轻则果实不能正常膨大,影响产量和品质,重则造成落果失收。一般采取灌溉橘园等措施防御干旱危害。灌溉的方法一般有沟灌、穴灌、喷灌、滴灌等,其中喷灌应用较多。柑橘园在旱季进行喷灌后,能调节柑橘园中的小气候。柑橘喷灌后会引起热量平衡变化。喷灌所产生的小气候效应,与喷灌时间长短、喷灌周期、喷水量和喷灌地段大小有关,同时也与试验地点的经纬度、季节、天气类型、一天中不

同的时间和柑橘郁闭度等因素有密切关系。柑橘园喷灌后,土壤热容量和热导率增大,蒸发耗热增多,因此温度日变幅减小,白昼温度降低。据研究,在干旱季节的白昼,喷灌柑橘园内不同高度的气温均比未喷灌柑橘园同高度低 1.0 ℃ 左右,最大时低 1.8 ℃,可见夏季喷灌可以达到预防高温的目的。

由于夏季水温一般比土温低,同时柑橘园喷灌后,土壤蒸发和植株蒸腾作用增大,因此喷灌后,土壤温度降低。据试验,从中午 12 时开始,在喷灌 1 小时(喷水量 8 mm)情况下,喷灌橘园地下 20 cm 土壤温度明显降低,在 14 时降低 1.4 ℃ 左右。喷灌为柑橘园土壤补给了水分,因而对柑橘园土壤湿度有最直接的影响。据观测,夏季未喷灌时各层土壤含水量平均为 22%,而喷灌后 12 小时,平均土壤含水量为 25.2%,喷后比喷前增加 1.6~5.0 个百分点,对缓和土壤干旱起着良好作用。柑橘园喷灌期间,园内近地面空气层含有较多的水分,喷灌结束后,喷灌园内土壤水分充足,蒸发或蒸腾强,因而喷灌柑橘园比未喷灌园的空气湿度增加,一般增大 3%~13%,其中愈近地面增湿愈显著。

86. 柑橘树不同整形方式的树冠小气候特点是怎样的,对物候期和产量、品质有何影响

柑橘树是一种多年生、多分枝的植物。在它生长发育的不同时期,经常出现生长与结果不协调现象,如大小年、落花落果和下部光秃等,因此,必须通过修剪整形进行调节。树冠整形后会引起树冠小气候变化,不同整形方式的温州蜜柑树冠内的光照强度不同。相对光照强度在树冠外围顶部达

90%左右,而下部中央仅3%左右。而相对光照强度3%以下的比率,是主干形大于半圆形,而半圆形大于开心形,可见主干形树冠内光照强度较差,光强小于3%的容积最大。

树冠内气温的分布与相对光强的分布相似,夏季出现高温(例如大于35 ℃)的容积,主干形最大,半圆形其次,开心形最小。树冠的上部与中央最下部的温差,在4月份为2 ℃左右,9月份为3～4 ℃,由此可见,树冠内气温的分布与相对光强的分布是密切相关的。

而树冠内空气相对湿度的分布与气温分布有关。因树冠顶部和外缘气温高,饱和水汽压大,因而空气相对湿度较小,树冠内部则反之。也就是说,空气相对湿度从树冠顶部到下部,从外缘到中心逐渐增大。在树冠顶部约为60%左右,树冠中心高于70%。树冠上部与中央的相对湿度差值,主干形和半圆形相差15%,开心形约相差10%。

由上可知,三种整形方式的小气候,主干形较差,半圆形其次,开心形最好。

柑橘树树冠内的微气象因子,也影响柑橘树的物候期及产量和品质。据观测,柑橘树的萌芽期、展叶期及盛花期,各种树形都是从树冠上部至下部逐渐推迟,中心比外缘更迟。上部和中部外缘与中央最下部比较,大约相差3天。果实的增大及其品质,树冠的下部比上部及中部明显地变劣,主要受光强及气温等因子影响。

八、生态果园建设及其效益

87. 什么叫生态果园，其特征是怎样的

以果树为主要物种的生态系统中，在一定时期内其结构和功能处于相对稳定状态，即使受到一定限度的外来干扰，也能通过自我调节恢复到原来的稳定状态，这样的生态系统称生态平衡。能维持生态平衡的果园称生态果园。据上述定义，生态果园具有下列特征：①系统内能量和物质的输入、输出基本相等，能量流动和物质循环保持平衡状态；②系统内生物群落的种类和数量保持相对稳定状态，生产者（绿色植物）、消费者（食草、食肉动物）和还原者（微生物）组成完整的营养结构及复杂的食物链关系；③能量流动符合百分之十定律和金字塔形的营养层次分布。

88. 当前我国的生产柑橘园存在怎样的生态问题

生产柑橘园是一个人工生态系统，在人类的强化干预下，与传统柑橘园（原始的野生柑橘树群落）比较，发生了下列变化：第一，生态系统的组分由复杂变为简单。2007年我国有果园面积1 047万 hm^2，其中柑橘园194万 hm^2。这些果园由于投入了大量劳力、肥料、农药、机械等辅助能量，产量较高，有一定的经济效益。但很多果园的生态条件恶劣，水土流失严重，自然灾害频繁，不少果园单产很低，分析其原因，与系

统内组分单纯、生态平衡失调有关。第二,生态系统的能量输入由有机能为主转化为石油能为主。传统柑橘园以输入有机能(如有机肥、人畜力等)为主,石油能其次。生产柑橘园则以石油能(如化肥、农药、除草剂、生长激素、机械等)投入为主。在果园中输入大量的石油能,从眼前看,可以提高产量,获得一定的经济效益,但从长远看,则会造成土壤、空气、水体污染,环境质量降低,土壤结构板结,农产品质量下降。第三,生态系统的食物链由复杂变为简单。传统柑橘园的地上部都由乔木、灌木、草类、地衣等植物组成,鸟类及各种昆虫数量多;而生产柑橘园则物种单一,组分和营养结构简单,果园内鸟雀很少栖息,益虫种类明显减少,而害虫种类增多,种群个体数量大,为害猖獗。第四,生态系统受到环境污染影响。随着工业发展,每年排放到大气中的有害物质增多,这些有害物质包括煤粉尘、一氧化碳、二氧化碳、二氧化硫等。由于大气中二氧化硫增多,导致"酸雨"的普遍出现。我国自20世纪70年代以来,大气污染日益严重。柑橘园内又大量施用化肥、农药等,因此果园生态系统不但受到外界环境的污染,而且还受到果园内部化肥、农药污染的影响。

89. 建立生态柑橘园的理论依据是什么

在柑橘园生态系统中,生物与非生物各组分之间,通过能量的转换和物质循环来发生联系。因此在讨论建立生态柑橘园的理论基础时,主要从能量流动和物质循环进行考虑。生态柑橘园的理论基础是不断地提高太阳能转化为生物能的效率,加速能量流和物质流在生态系统中的再循环过程,以提高生物圈支持生命的能力。太阳是取之不尽、用之不竭的永恒的无机能源,它通过绿色植物如柑橘树等(生产者)的光合作用将无机物(二氧化碳和水)转化为有机的植物能;然后再通过食草动物(消费者)将植物能和植物质转化为动物能和动物质;最后由微生物(分解者)将动植物质转化成沼气(甲烷)和CO_2,同时生产出绿色植物能够利用的有机肥料。从而生态系统的每一次循环,都比前一次循环有所提高,有所发展,这就是自然界越发展越丰富的依据。

90. 建立生态柑橘园的原则和方法是什么

生态柑橘园属生态农业系统,其基本特点之一是因地制宜,因此,在生态柑橘园建设过程中,必须遵循下列原则:

第一,生态柑橘园必须具有较高的自给能力。研究表明,自然生态系统能获得净氮的增加,而钙、钾、钠和镁却要损失,可溶性磷酸盐也要有较大损失。生态柑橘园建设,则要求这种损失降至最低,方法是通过将农业废弃物和人畜粪尿进行综合利用和循环使用,而不是像石油农业(施化肥、农药、机械等)那样大量施用化肥。同时要尽可能做到能源自给。据报告,农业的能量投入与产出比,日本是 4∶1,英国是 6∶1,美国为 10∶1。而生态农业建设则要求通过生物能的利用,努力提高太阳能的固定率和利用率,尽可能做到能源自给。

第二,生态柑橘园必须具有高的净产出。石油农业非常强调产出的增加,但付出了很高代价;传统农业付出代价不大,但产出很低。生态柑橘园一方面要求产出增加,另一方面要求不能追求不顾代价的产出,因此,建设生态柑橘园时,必须重视科学技术的应用。

第三,生态柑橘园必须多种经营和规模适当。生态农业本身是一种包括农、林、牧、副、渔各业生产及其产品加工业的综合性大农业,因此生态柑橘园必须是多种经营的。关于生态柑橘园的规模,取决于当地位置、土壤、气候条件,一般不必过大,如西欧最大的可达 50 hm^2,多数是较小的。在发展中国家,规模较小的只有 5 hm^2,大的可达 100~500 hm^2。我国各地自然、经济条件差异很大,确定生态柑橘园的规模也要因地制宜,一般几公顷到几百公顷都可以。

第四,生态柑橘园必须具有较强的生态活力和较高的生态效率,要以提高环境质量为目标。这里所说的生态活力是指能够提供足够的收益以维持柑橘园全部工作的能力。生态柑橘园与当前普通生产柑橘园的不同在于,前者输入的能量,主要依靠自己的力量加以发展,而后者则高输入高产出,不讲究生态效率。

另外,在生态柑橘园建设时,也应符合生态要求,尽可能利用乡村的自然景色,美化人民的生活环境。

91. 生态柑橘园有什么生态效益

生态柑橘园具有显著的生态效益,具体表现在:①以柑橘树为主的多物种、多层次结构的生态系统,能较好地利用直射光、反射光、漫射光和透射光,合成有机物质,提高系统内的光能利用率。②改善柑橘园小气候。生态柑橘园与普通柑橘园比较,冬季及夜间提高温度,夏季及白昼降低温度,从而使果园内的温度日较差、年较差减小,空气湿度增大,风速减弱,气象灾害(冻、旱、风、热害)减轻。③充分利用土壤资源,减少水土流失。多物种的生态系统,因物种间根系分层分布,吸收的土壤水分和营养面宽,可加速土壤水分、养分的循环。同时系统内落叶量多,土壤中含有的矿质元素种类多,增加土壤覆盖面,因而可减少土壤冲刷、保持水土和提高土壤肥力。④增加天敌,减少病虫害。在生态柑橘园内,生物种类多,数量丰富,营养级多,能量流和物质流复杂,这样可使整个系统更加协调、稳定,如害虫被益虫取食,害虫和益虫又被益鸟取食,益虫和益鸟制约害虫发生,从而使果园内病虫害减轻。

92. 生态柑橘园有什么经济效益和社会效益

提高经济效益是建立生态柑橘园的主要目的。实践证明,生态柑橘园与普通柑橘园比较,经济效益提高,具体表现在:

第一,促进柑橘树生长,减轻灾害损失。生态柑橘园改善了果园小气候,减轻自然灾害,为柑橘树正常生育创造良好的环境条件。据报道,有防护林保护的柑橘园,树体生长旺盛,长势好,树冠有效容积大,冬季冻害轻。据作者等在浙江省金华市施村柑橘园调查,5 年生晚熟系温州蜜柑,有防护林保护的柑橘园比无防护林保护区树高增加 38%～73%,冠径增加 6%～80%,产量提高 5%～25%。

第二,提高单位面积产出。典型的生态果园是多物种的生态系统,该系统一方面可以提高目的物种(果树)的产量,同时还可输出其他物种产品,从而提高单位面积的产出。据作者等调查,浙、沪地区有防护林保护的柑橘园,比无防护林保护的柑橘园平均增产 10%～20%,而且可以获得可观的木材及其他林副产品。

第三,提高果品质量。果品质量除受遗传物质、栽培技术、储藏运输等条件影响外,还与生态环境有密切关系。影响果品质量的环境因子主要有地质、地形、气候、土壤、植被等,其中地质、地形和植被是间接因子,而气候和土壤是直接因子。在生态柑橘园中,小气候及土壤条件得到良好的改善,高温、大风、冻害、寒风等灾害有所减轻,土壤有机质含量有所增加,因此一般裂果、小果、畸形果较少,果形正常,着色中等,糖酸适中,风味浓,品质较好。

生态柑橘园的社会效益,是指生态柑橘园中生产出的大量果品及其他农林产品,能够满足人类需要,特别是紧缺产品的供给,对提高居民生活质量、促进社会安定都有良好作用。

93. 在模拟建立橘农人工复合生态系统时如何合理配置生态位

生态位是指生态系统中某一种群在时间、空间上所占据的位置及其与相关种群之间的功能关系与作用。以柑橘树为主的橘农人工复合生态系统,在生态位配置时,垂直结构可配置两个或两个以上物种(组分)的生态位,如乔—灌两层结构或乔—灌—草三层结构。两层结构是上层为乔木(柑橘),下层为灌木或作物。三层结构是上层为乔木(果树),中层为灌木(或作物),下层为草本(绿肥作物)。在水平结构配置时,要避免重叠过多或重叠过少,以免过分遮阴或漏光。密度的确定应根据柑橘树的生物学特性、效益及当地自然条件(气候、土壤)而定。

94. 在模拟建立橘农人工复合生态系统时如何选择物种（作物）

由于自然生态系统的物种之间具有共生互利和竞争相克的特性，因此在选择物种时要注意三个结合：阳性植物、耐阴性植物和阴性植物的合理结合，以便各自利用不同的光谱；深耕植物与浅耕植物的合理结合，以便吸收不同层次的土壤水分与营养；常绿植物与落叶植物合理结合，以便充分利用不同季节的光能。

橘农人工复合生态系统的作物的选择必须具备下列条件：①选择与柑橘树适生条件基本一致的作物，该种作物对当地自然条件适应性强；②选择在生物学上与柑橘树共生互利的作物，或对柑橘树有利而对柑橘树间作物无害的"偏利"作物；③选择有利于提高土壤肥力（具有固氮作用）或不至于过多掠夺土壤肥力和水分的作物；④选择植株较矮小、生长期较短的夏熟作物或生长后期对肥水要求不严的晚秋作物；⑤选择与柑橘树没有相同病虫害的作物；⑥选择经济效益、生态效益和社会效益均较高的作物，使产品有销路。

95. 怎样调控橘农人工复合生态系统

橘农人工复合生态系统在不同时期对柑橘树和作物的利害是不同的。间作前期，对柑橘树和作物利害不明显；间作中期，间作物对柑橘树有利；间作后期，间作物对柑橘树有害。为此，必须采取相应技术对生态系统进行调控，具体方法是：①根据柑橘树的生物学特性和种植目的合理确定密度；②对柑橘树进行整形修剪,控制合理树幅,在修剪时要从整体综合考虑;③合理配置间作物及密度,调节播种期,使柑橘树的盛果期与农作物的开花、结果期错开;④加强土壤耕作,适当增施肥料,合理灌溉,调节和控制土壤水分与养分。

九、柑橘病虫害与气象

96. 我国主要柑橘病害有哪些,为害植株哪些部位

柑橘病害种类很多,国内已发现有将近100种,其中溃疡病、树脂病、疮痂病和黄龙病等8种对柑橘生产影响最大。①柑橘溃疡病,为害叶片、枝梢和果实,对苗木和幼树为害特别严重。②柑橘树脂病,发生在树干上称树脂病,发生在果实上称蒂腐病。③柑橘疮痂病,在叶片正、背面都有发生,以背面较多,枝梢和果实上也会发病。④柑橘黄龙病,树冠顶部的夏、秋梢先发黄,叫"黄梢",1~2年后,黄梢增加,全株发病,重者枯死。⑤柑橘黄斑病,在叶片上发病。⑥柑橘炭疽病,在叶片、果实上发病,储藏期果实多从蒂部开始发病,至全果腐烂。⑦柑橘黑斑病(黑星病),在近成熟的果实上发生,引起落果;果实储运期发病,引起腐烂。⑧柑橘储藏期青、绿霉病,储藏期果实病害,青、绿霉病引起果实腐烂率达10%~30%。

97. 柑橘溃疡病发生发展与气象条件有什么关系，怎样防治

高温、高湿和多雨天气，有利于溃疡病病菌的繁殖与传播，发病严重。在气温 25～30 ℃的情况下，病害程度与雨量呈正相关。因为幼嫩组织只有在高温多雨的天气条件下才易受侵染，病菌的侵入需要组织表面有 20 分钟以上的水膜，故雨量多的年份或季节，病害发生严重。雨量多少还与病斑的大小有关。春梢期气温低，雨量相对较少，病斑较小；夏秋梢期高温多雨，则病斑较大。台风暴雨与溃疡病的发生有密切关系。浙、闽、粤等省 7—9 月间常有台风影响或登陆，对寄主造成大量伤口，有利于病菌的传播和侵入。因此，每当台风和暴风雨后，溃疡病发生往往比较严重。

病菌的传播主要靠雨水及风。病菌被雨水冲散，并靠雨滴及风飞散到幼叶、幼枝及幼果上，由伤口及气孔侵入。春季幼叶感染后，在病斑上繁殖的细菌，借风雨再感染到果实及夏、秋梢上。病菌的侵染与柑橘枝条生长状况也有密切关系，若由于氮肥过多、阳光不足等原因，使枝条生长不健全、组织柔软，则患病期会延长。

柑橘溃疡病的防治措施：①严格实行检疫制度。无病的地区，应该对外来的苗木和接穗进行检疫，凡带有溃疡病的苗木和接穗，应一律烧毁。②建立无病苗圃，培育无病苗木。苗圃要设在无病区或离柑橘园 2～3 km 以外的地方；砧木的种子应采自无病果实，接穗采自无病区或无病果园。出圃的苗木要经全面检查，确实无病的才允许出圃。③加强培育管理。早春结合修剪，去除病枝及病叶，并立即烧毁；同时结合中耕

除草,翻埋病叶和消除落叶,以减少病菌来源。④药剂防治。药剂保护应根据苗木、幼树和成年树等的不同特性区别对待。苗木及幼树以保梢为主,成年树以保果为主。⑤合理选择园地和营造防护林。根据因地制宜的原则,把感病品种植于南坡、东南坡或有天然屏障的避风处,把抗病品种植于北坡、西北坡或较高的迎风坡。营造防护林可以减小风速,防止果树机械损伤,从而减轻伤口感染和发病程度。

98. 柑橘树脂病发生发展与气象条件有什么关系,怎样防治

冬季严寒冰冻是诱发柑橘树脂病的主要因素。近 30 年来,该病曾几次在浙江和湖南等省柑橘区严重发生,都与冬季强烈寒潮或冰冻造成柑橘冻害有密切关系。例如,1954—1955 年冬季,浙江黄岩柑橘普遍受冻,枝干冻伤,为病菌侵入创造了有利条件,到翌年初夏,气温上升,雨量较多,树脂病就大流行。7 月由于气温过高,湿度较小,病害发生缓慢。8—9 月又是适温期,再次蔓延为害。湖南省 1954,1968 和 1969 年冬季均有严重冰冻,也引起树脂病流行。柑橘生长期中,遇降雨频繁的季节,也有利于该病的发生和蔓延。一般每年的 5—6 月和 9—10 月间,温、湿度均有利于病菌活动,病害发生较为严重。

柑橘树脂病的防治方法:①加强栽培管理,做好防寒工作。在冬季气温下降前,对柑橘进行根际培土和地面覆盖,以减少土壤水分蒸发,提高土温;冬季干燥的年份,柑橘园可以灌水。主干和大枝用白涂剂刷白,夏季可以防止日光灼伤,冬季则可减轻冻害。早春结合修剪,剪除病虫枝、枯枝及徒长

枝,加以烧毁,既可减少病源,又可使柑橘树冠内通风透光良好,从而减轻病害发生。②刮治病部或直接涂药。对已发病的树,在春季彻底刮除发病组织,消毒伤口,再外涂伤口保护剂。③喷药保护。结合防治其他病害,喷药保护树干,可减轻枝、叶、果上沙皮病的为害。

99. 柑橘疮痂病发生发展与气象条件有什么关系,怎样防治

柑橘疮痂病俗称癞头疤、疥疮疤,它的发生与温、湿度有密切关系,其中湿度更为重要。凡是天气连续阴雨或早晨多雾、露的年份和地区,疮痂病往往发生严重;反之,春旱的年份和地区,发病往往较轻。例如,浙江黄岩在3月下旬至4月下旬多阴雨天,雨量充沛,春梢疮痂病严重发生,在5月下旬至6月,正值梅雨季节,果实也严重发病;广东粤北地区一些地处高海拔的柑橘园,因为云雾多,湿度大,温度相对较低,疮痂病发生严重,而山下平原地区的柑橘园发病很轻。

柑橘疮痂病防治措施:①加强栽培管理。结合春季发芽前的修剪,剪去病梢和病叶,并清除园内落叶,一起加以烧毁,以消灭病菌。通过整枝,剪去过密的枝条,使树冠通风透光,降低湿度,也可减轻病情。加强肥水管理,促使树势健壮,以提高抗病力。②药剂防治。因疮痂病主要侵害柑橘的幼嫩组织,喷药的目的主要是保护新梢和幼果不受伤害。一般喷药2次,第一次喷药掌握在春芽萌动时,以保护春梢;第二次喷药在花谢三分之二时进行。③苗木检验。柑橘新区的疮痂病是由苗木传来的,因此外来苗木必须经过严格检验。有病的苗木,应停止引入。

100. 柑橘黄龙病发生发展与气象条件有什么关系，怎样防治

黄龙病又称黄梢病，其病原菌是类立克次氏体，主要靠带病接穗或苗木传播，柑橘木虱是传播黄龙病的媒介。黄龙病的发生流行与柑橘木虱分布有关。有人指出：我国亚热带东部南岭以北的地区，基本上没有黄龙病（近年来在江西赣州地区发现有少量黄龙病株，但尚未蔓延成灾）；而在南岭以南地区经常出现黄龙病，有时蔓延成灾。因而认为极端最低气温多年平均值低于-4℃的地区，例如衡阳、吉安、黄岩一线及其以北地区，未发生过黄龙病；低于-2℃而高于-4℃的地区，偶尔有黄龙病发生；而高于-2℃的地区，随着气温的上升，受黄龙病的威胁越来越大。黄龙病的为害程度与海拔高度有关，一般低山区发生严重，高山区较轻。空气湿度和日照长短对黄龙病发病也有关系，如栽培在山峦中的柑橘，由于日照短，空气湿度大，一般很少发病；而种植在山地空旷处或比较干燥地区的柑橘，一般发病较多。以上说明遮阴和日照短的环境条件能缓和病势。

柑橘黄龙病的防治方法：①严格实行检疫制度，黄龙病可以通过苗木传病，因此必须加强苗木的检疫制度，禁止病苗引入。新区不要从病区引进苗木、接穗和插条。②建立无病苗圃，培育无病壮苗。无病苗圃地点应选在距柑橘园2～5 km以外、有自然阻隔、土层深厚、排灌方便的地方。为了搞好无病苗圃，应该开展群众性柑橘无病单株选种，从无病优良母本树上采接穗繁殖，砧木种子也应严格选自无病树。③防止传毒昆虫，及时挖除病树。橘蚜、木虱是传病媒介，因此，彻底防

治蚜虫、木虱是防止黄龙病传播的重要措施。柑橘出现病株后,应及时挖除病树,消灭发病源,防止病害传染蔓延。④加强肥水管理。在防止传染基础上,做到合理施肥,注意多种肥料配合,使枝梢生长粗壮,合理排灌,冬季培土,增强树势,以提高植株的生活力和抗病力。⑤选择适宜的环境建立柑橘园。在严重流行病区,例如福建龙溪、晋江地区等,可利用温度随海拔高度变化的规律,在中海拔(如 300~600 m)的山区建立柑橘园。同时要注意选择依山傍水、周围环境阴湿、土壤肥沃的地方建立柑橘园,对减轻黄龙病比较有利。

101. 我国主要柑橘害虫有哪些,为害植株哪些部位

柑橘害虫种类繁多,全国有近 400 种,能普遍成灾或引起局部减产的有 50 种左右。在生产上能造成重大损失的害虫及为害部位是:①柑橘锈螨,又称锈壁虱,若螨和成螨以口器刺破叶片表皮和果皮吮吸叶液。②柑橘红蜘蛛,以口器刺破橘叶、果实和嫩茎的表皮吮吸汁液。③嘴壶夜蛾,以口器刺入果肉吮吸汁液。④吹绵蚧,若虫、雌成虫在枝、干、叶和果上吮吸汁液。⑤红蜡蚧,若虫、雌虫在叶、嫩叶上吮吸汁液。⑥黑点蚧,若虫、雌成虫群集于叶、嫩枝及果实上吸汁。⑦柑橘潜叶蛾,幼虫在叶片表皮下蛀食。⑧橘蚜,成虫和若虫群集于新梢、嫩叶、嫩茎上吸汁。⑨柑橘爆皮虫,幼虫为害主干和主枝,成虫为害叶片。⑩柑橘木虱,主要为害新芽嫩梢,是传播柑橘黄龙病的媒介。

102. 气象条件对柑橘害虫的生活和活动有什么影响

气象条件是昆虫生活所必须的条件。昆虫的形态构造、生理机能和行为等方面,对气候有着极大的适应性,但每种昆虫对气候都有一定的适应范围,如果气象条件变化超过了这个范围,就会直接或间接地引起昆虫种群数量的下降。相反,如果气象条件变化符合某种昆虫的要求,就会促进它的发生发展。

昆虫是变温动物,体温基本上依环境温度的改变而变化。温度不但影响昆虫的新陈代谢和行为,而且对害虫的天敌和食料也有很大影响,从而间接影响害虫的分布及数量的变化。湿度或者水分是害虫生活必不可少的因子,一般昆虫身体的含水量为体重的46%~92%。在适宜的湿度范围内(一般为70%~90%),害虫生育较快;如果湿度不适宜,其生育就受到抑制。降水量多少直接影响害虫栖息的土壤湿度和空气湿度,因而也影响害虫的生育及成活率。降雨对昆虫的直接影响主要是机械击落。

光照强度对昆虫的发育也有影响,光照强度太大,可以使害虫发育受阻或者死亡。光照时间长短是引起害虫休眠作用的最大因子,对很多昆虫来说,短光照能引起休眠,而长光照则能抑制休眠。光对害虫活动的影响,表现在害虫的日出性或夜出性、趋光性或背光性等方面。

风与害虫的生活和活动有着特别密切的关系。在一般情况下,害虫经常借助于气流的活动进行短距离的迁移和飞翔,也有一些害虫是依靠气流的活动进行远距离传播。风直接影响害虫的垂直分布、水平分布及其在大气层中的活动范围。

103. 柑橘锈螨发生发展与气象条件有什么关系，怎样防治

柑橘锈螨又叫锈壁虱，每年发生世代数因各地气候条件而不同。如福建龙溪地区一年约发生24代，浙江黄岩18代，湖南18～20代，有显著的世代重叠现象。在浙江黄岩柑橘区，越冬成螨于3月中旬开始产卵繁殖，5月上旬开始迁移至新梢，6月下旬开始在果实上出现，7—9月为害最重。

气温在10 ℃以下时，柑橘锈螨停止发育，15 ℃左右成螨开始产卵。卵期、若螨期和成螨期长短，均随温度升高而缩短。柑橘锈螨发生的轻重，与气象条件等有密切关系。夏季高温、干旱，有利于此虫的生长繁殖，同时不利于其天敌多毛菌的寄主发展，导致锈螨大发生。降雨对该虫的直接影响主要是机械击落，中雨到大雨能将锈螨击落在泥水中而致死。在冬季温度低的年份或冬季有严重冰冻的地区，锈螨的死亡率高，第二年为害一般较轻。

防治柑橘锈螨的方法，除根据虫情进行合理喷药外，还要保护和利用天敌。多毛菌是柑橘锈螨的天敌，常在高温多雨条件下大量流行，因此，应用铜素剂防治柑橘病害时，要密切注意保护多毛菌。在使用其他农药时，也要注意选用选择性的农药并合理用药，以保护各种天敌。此外，要加强柑橘园肥水管理。一般栽培管理粗放、土壤干旱、树势衰弱的柑橘园，锈螨为害比较严重。因此，应加强柑橘园的肥水管理，增强树势；柑橘园要进行覆盖，改善柑橘园小气候，以减轻为害。在柑橘锈螨为害严重而又防治失时的柑橘园，喷药时可加入

0.5%的尿素作根外追肥,使叶片迅速转绿,增强光合作用。

104. 柑橘吸果夜蛾发生发展与气象条件有什么关系,怎样防治

吸果夜蛾是柑橘主要害虫之一,在果实成熟期成虫刺果为害,造成大量落果,损失率达10%左右。吸果夜蛾的为害,与气象条件有着密切的关系。下面以为害最普遍、最严重的嘴壶夜蛾为例加以说明。嘴壶夜蛾在我国南方为优势种。浙江一年发生4代,广东5~6代,以幼虫越冬。在浙江,成虫先为害枇杷,再为害水蜜桃,至8月下旬开始为害柑橘。每年10月下旬盛发,11月下旬后虫口密度渐降,到了冬季,气候暖和的地方,仍见成虫活动,但数量极少。成虫在白天一般隐藏在荫蔽地方,到傍晚开始活动。发生期间,在闷热无风的晚上出现的数量最多,当气温下降至13℃或风力3级的夜晚,发生的数量则骤降。

吸果夜蛾的防治方法有:①在山脚、山上及近山的柑橘园,宜连片种植。为害严重的地区,宜选用迟熟品种,避免混栽不同成熟期的品种或不同果树,以便避过或减轻虫害。②在成虫发生期,每亩设置40瓦黄色荧光灯(波长为5.934×10^{-7}m)1~2个,或在傍晚将滴有香茅油的纸片挂在果树上,以拒避夜蛾为害。③果实成熟前(一般在果实产生香味前)套袋,可以保证柑橘产量,但套袋前必须做好锈螨的防治工作。

105. 柑橘木虱发生发展与气象条件有什么关系，怎样防治

柑橘木虱主要为害柑橘树新芽嫩梢，可使新芽嫩梢干枯萎缩，柑橘木虱又是传播柑橘黄龙病的媒介。在华南柑橘园，全年可见柑橘木虱各个虫态。其虫口数量消长与气候条件及柑橘梢芽生长期对应。在福建福州，柑橘木虱虫口数量一年中有三个高峰，即3月中旬至4月、5月下旬至6月下旬、7月底至8月或9月间，正是春、夏、秋梢的主要抽生期。在福建福州，一年可发生8代，各世代有显著重叠现象。每一世代所需时间与温度有密切关系：在4—5月至8月初，温度为22～28℃时，每一世代经过23～24天；在10—12月，温度为19.6℃左右时，一代要53天。温度为7～8℃时，柑橘木虱一般不活动；14～15℃时，成虫可以自由活动，但不产卵；当气温达20℃时，可正常产卵。在广州，只要柑橘园内有嫩梢存在，木虱就可以取食、交配和产卵。柑橘木虱的活动，也受阳光的影响。晴天，木虱一般在阳光直晒的叶片上，夏季高温季节，当气温达32℃时，为了避免阳光直晒，木虱成虫就躲在叶背上。不利的天气条件会减少虫口密度，例如台风暴雨会冲走部分成虫，长期阴雨天也会降低木虱虫口密度。

防治柑橘木虱的方法：①科学种植。柑橘木虱一般在新梢嫩芽上产卵繁殖为害，因此，在成片的果园内，最好种植同一柑橘品种，这样可造成不利于木虱发生的条件，如砍去衰弱植株，以减少木虱虫源；加强栽培管理，使柑橘树枝梢抽发集中整齐，并摘除零星枝梢，以减少柑橘木虱产卵场

所。②营造防护林。根据广东杨村柑橘场的经验,没有防护林的柑橘园,透光度大,木虱发生多。营造防护林后,柑橘园有一定的郁蔽度,木虱发生少,同时有利于天敌的活动。③药物防治。每次嫩梢抽发期发生木虱为害时,应喷药保护新梢。

106. 天气条件与利用化学药剂防治病虫害的效果有什么关系

防治柑橘病虫害的方法很多,利用化学药剂来杀灭害虫或病原体是常用的方法之一。采用药剂防治必须考虑到药效、对柑橘有无药害和人畜是否安全等问题。防治效果的好坏除决定于药剂本身的性能以外,还与防治时的天气条件有着密切的关系。

各种气象要素对不同性能(接触、胃毒或内吸等)的药剂、不同的施药方式(如喷粉、喷雾或撒施毒饵等)与器械(地面及航空的防治器械)有着直接或间接的影响。有时影响到药剂的效果,有时可能引起柑橘药害或人畜中毒,有时又会限制防治器械类型的选用。

在利用化学药剂杀灭害虫时,其效果与天气条件关系非常密切,例如雨天或有风天喷药效果不好,有时温度与光照状况也会影响药效。

107. 降水和风对施药效果有什么影响

降水与药效关系密切。同一天气条件下采取不同的施药方式,或同一施药方式选择不同的天气条件防治,药效则明显不同。一般喷粉宜在早晚有露水时进行,否则药粉不易黏附在叶片上而被风吹落,影响效果。而喷雾宜在晴天无露水时进行,因为露水太多会把药剂冲淡,等于加大药剂稀释倍数。如果一定要在有露或有雾天喷药的话,那要适当减少药剂稀释倍数,才能保证药效。

若喷粉或喷雾以后立刻下雨,常会冲失药剂或冲淡药剂浓度,降低喷药效果。其降低药效的程度与防治对象、药剂种类和性能,以及降雨量与降雨时间长短等因素有关。一般来说,喷药4~5小时后降短时间的小雨,对药效影响不很大,但喷药后1~2小时内降雨则会明显降低药效,而且降雨量愈大,药效愈小,故需重新喷药。不过,有的农药(如内吸作用较强的"1059")只要叶面药剂稍干,虽遇降雨也能保持良好药效。

在特殊情况下,例如某柑橘园正是病虫为害的高峰期,又正出现连续阴雨天,就应密切注意当地气象部门的天气预报,并根据防治对象和药剂性能,抢晴(或下雨间歇期)喷洒药物。

风对施药也有显著的影响。有风的天气,常常会增加操作上的麻烦,很难把药剂喷到需要喷的地方去。在大风天气施用剧毒农药,还有发生人畜中毒的可能。因此,喷粉和喷雾的化学药剂应该选择在无风或微风的天气进行,最好不要在有大风的天气喷药。除注意风速外,还应注意风向,一般在风不大时,应顺风喷药,这样不但操作方便,而且可以避免发生人畜中毒。

在我国沿海一带,成片柑橘园面积达几千亩甚至上万亩,如果用飞机喷药,则工效高,成本低,药效大。在应用飞机喷药时,风对药效影响十分明显,以安—2型农用飞机为例,根据其性能,考虑到驾驶人员的安全以及喷药后的实际效果,通常规定在云底高度低于 150 m,能见度小于 1 000 m 时便不许飞行。风速在 3~4 m/s 时,只许顺风喷药,风速超过 4 m/s 时不能喷药。这种风速的限制,对喷洒有选择性的除草剂尤为必要,因为超过规定,就有可能把药剂吹到需要喷药地段以外好几千米的地方,以致严重损害对这种药剂敏感的作物。当然,这种限制也常因驾驶技术、药剂种类和施药方式等具体条件而有所不同。

108. 温度和光照对施药效果有什么影响

气温对药效作用的大小以及对稀释倍数的确定均有密切关系。一般来说,在害虫生命活动(即生物学最高温度和最低温度)范围内,温度愈高,药效愈大;温度愈低,药效愈小。这是因为在温度比较高的情况下,杀虫剂的活跃性(如挥发性、扩散性、穿透性等)增强;同时害虫新陈代谢旺盛,食量大,容易吸进比较多的药剂,最易中毒死亡。所以在温度较高的情况下,可以适当降低浓度或减少单位面积用药量;相反,在温度较低的情况下,可适当提高浓度。在温度低于 0 ℃或者夜间出现霜冻时,一般不宜喷药。

光照与除虫方法、药剂效果都有关系。例如鱼藤、除虫菊等植物性杀虫剂,在强日光下,容易分解失效。在晴朗、高温和太阳光很强的天气下,使用溶液和粉剂会对植物起不良的影响,如使叶子灼伤等。在中午气温超过 30 ℃的烈日下施用剧毒农药还容易使人畜中毒。所以,在白天太阳光很强的中午最好不要喷药。

另外,害虫的栖息场所也与光照有关。有的昆虫喜光,一般栖息在叶片的向阳面；而有的昆虫喜阴，多在叶片的背面。因此，在喷药时应根据昆虫的习性，一般是先喷树冠里面，后喷树冠外面。叶背和果实、枝条的阴暗面，都应周密喷施，这样可提高药效。